别让拖延症害了你

谢志强　编著

中国出版集团　现代出版社

图书在版编目（CIP）数据

别让拖延症害了你 / 谢志强编著 . -- 北京 : 现代
出版社，2019.1

ISBN 978-7-5143-7242-7

Ⅰ . ①别… Ⅱ . ①谢… Ⅲ . ①成功心理—通俗读物
Ⅳ . ① B848.4-49

中国版本图书馆 CIP 数据核字（2018）第 159741 号

别让拖延症害了你

作　　者	谢志强	
责任编辑	杨学庆	
出版发行	现代出版社	
通讯地址	北京市安定门外安华里 504 号	
邮政编码	100011	
电　　话	010-64267325　64245264（传真）	
网　　址	www.1980xd.com	
电子邮箱	xiandai@vip.sina.com	
印　　刷	北京兴星伟业印刷有限公司	
开　　本	880mm×1230mm　1/32	
印　　张	5	
版　　次	2019 年 1 月第 1 版　2022 年 1 月第 2 次印刷	
书　　号	ISBN 978-7-5143-7242-7	
定　　价	39.80 元	

前　言

对你来说，或许今天的工作又没有完成；或许再重要的事情，也要拖到最后才动手；或许问题越拖延越严重；或许工作效率太低；或许时间总是不够用……

你是不是总会遇到这一类问题呢？如果答案是肯定的，那么很不幸，你已经是一名拖延症患者了。

其实每个人或多或少都被拖延所困扰，拖延的时候虽然内心饱受煎熬却又很难从中脱逃。拖延使得我们的工作效率低下，生活变得糟糕，并且还会因为拖延而影响自己的人生轨迹。

时间是有限的，一天不会有第 25 个小时，谁也不可能"向天再借五百年"，或许你觉得拖延的只是当前的几分钟，但日积月累，最终会是一个非常惊人的时间跨度。今天被昨天的拖延束缚，明天又为今天的拖延而头疼，这无疑是令人懊恼的恶性循环。

其实，世间最公平的就是时间。满不在乎的懈怠与全力以赴的努力，会让结局有截然不同的画风。拖延与否，改变的不仅是当下的进度，更是人生的格局。与其让拖延时间成为你一生奋斗的遗憾，倒不如脚踏实地把当下未完成的目标一一解决。不管明天的你是否会感谢今天努力的自己，至少现在的不拖延会让明天更从容。

年轻时图安逸，老来多艰难。大好的金子年龄，用来睡觉、玩牌、打游戏，这样拖延浪费时间实在是太可惜了。时光难留，匆匆一去不返；如今最好，别说来日方长。年轻时就该努力一把，别让将来的你，憎恨现在碌碌无为的自己。

生活的坑，都是自己挖的，所有的拖延终归是要付出代价的。请记住：人生只有一个敌人，那就是自己。战胜了自己，也就战胜了世界。

本书在揭开拖延症神秘面纱的同时，也帮你揪出让人变成"拖拉斯基"的真凶。结合我们身边的生活案例和心理学研究成果，对困扰你的拖延症问题进行一次科学、全面的趣味剖析，为你提供抗击惰性、处理压力、管理时间等一系列的"战拖"方案，帮助你有效地克服拖延问题，让你从清晨的第一缕阳光开始，迎来一个全新的自己。

目　录

第一章

拖延伤害到底有多大

有句格言说："拖延等于死亡。"这不是危言耸听，拖延会慢慢地消磨人的心智、吞噬人的健康，让人煎熬度日，悔恨到老，这听起来真的比死亡更可怕。如果你还没意识到拖延症的负面威力，那你真的有必要知道一下可怕的"真相"了。

生命应该好好珍惜

风花雪月的桂林，是张广林心中的"人间天堂"。

读书的时候，他就跟室友们商议，到时候一定得来一场精彩的"毕业之旅"，纪念一下终将逝去的青春。结果，到了约定的时间，人家背着包出发了，张广林却找了个理由推托了，至于那个理由，他现在都已经想不起来了。

几年之后，那些热爱旅行的室友们，已经把张广林心中的旅游胜地都领略得差不多了。只剩下张广林还在跟自己说"等忙完了这段时间""等我攒够了钱""等我结婚的时候"，理由一抓一大把，不过除了他自己相信以外，没有人相信。在别人眼里，这家伙就是一个典型的"语言的巨人，行动的矮子"。的确，拖延时间是张广林唯一能做好的事，因为这是世界上最不费力的事！

不过，很快他就意识到了，自己已经浪费掉了大把的时间和生命。

那天，天空飘着毛毛雨，无情的老天像发了善心，在为谁哭泣似的。张广林在人人网上闲逛，看到某位老同学的主页时，脑袋顿时"嗡"的一声，毫不夸张地说，他确实是被吓到了。

一位貌美如花的女孩儿，竟然得了尿毒症，躺在医院里做透析。当然，更触动张广林的还是她写的那篇日志——《有多少生命可以重来？》。

"我很遗憾，还没有跟最爱的人一起去布达拉宫，过去我总说'等到什么什么时候'，现在我想去了，我不想等了，可我的身体已经不允许了。

"我很遗憾，还没有好好地陪伴父母，还没来得及孝顺他们，却已经躺在了病床上，还要让他们带着心酸的眼泪来照顾我。早知道是这样，我一定会经常回家，不会把忙当成借口，推迟回家的日子。

"我很遗憾，还没有实现事业上的理想，我总以为时间有的是，想做的事总会有机会去做。可现在，我拖着病痛的身躯，已经不可能再像从前那样精力充沛地去做事。我更后悔的是，在我精力充沛的时候，我浪费了大把大把的时间，去玩乐、去消遣、去逛街，却没有静下心来读一本好书，做一件靠近理想的事……"

张广林看了这些之后心里很难受，虽说他跟那位美女只是普通同学，没什么特别的交情，可还是替这年轻的生命感到惋惜。悲伤之余，他又有点庆幸——"至少我还健康地活着，这真是莫大的幸福啊！"庆幸之后，他又开始悲伤——"她后悔遗憾的那些事，我也没有做，难道我也要等到躺在病床上或是垂垂老矣的时候，跟她一样祈祷着重新活一次吗？"

看别人的故事，思考自己的人生。张广林在这方面，做得的确不错。虽然他身上有不少缺点，可还算懂得自省，不属于无药可救型。他又想起了自己的"桂林天堂"，过去总说钱不够、时间不够，可赚多少钱才算够呢？自己周末睡懒觉、假日玩网游的时间，难道就不能去旅行吗？

他突然觉得，自己是在为推迟行动找理由，想办法把自己的拖延无原则地合理化，却忽略了光阴有限的事实。美好的青春，还没等自己为它写好悼词呢，它就已经头也不回地绝尘而去了。

不过，你可别以为拖延症只是年轻人的专利，觉得年轻人缺乏自制力、不够淡定才会拖延。其实，拖延症这种病，真的是不分年龄、不分性别、不分国界的，有人的地方就有它的存在。

张广林一直很敬仰某位老教授，并时常去看望他。老教授一直想写本传记，专门研究一个让人议论纷纷数十年的人物的逸事。这个主题很新颖也很吸引人，而且，他本人对此了解颇多，文笔又生动，如果能写出来的话，肯定大受欢迎，为他赢得很大的成就、名誉和财富。

不久前，张广林问及老教授的那本书是不是快要写完了，老教授却告诉他，自己根本就没写。说这番话时，老教授还迟疑了一下，像在考虑该怎么给后辈晚生解释。最后，他给出的理由跟张广林一样：太忙了，还有很多重要的事要做，没有时间去写。

他这么辩解，其实就是想把写书的计划埋进坟墓里。但张广林信以为真，他觉得老教授德才兼备，又是学校里的骨干，肯定是真忙。他其实不了解，老教授是觉得写书太累人，不想找麻烦，所以事情还没做就已经找好了失败的理由。

曾有人给拖延起了一个可怕的外号，叫"生命的窃贼"，其实这也不算冤枉它。拖延就是偷走时间、偷走生命的"窃贼"，让人虚度光阴、厌倦生活。如果有人幻想着用白日梦和从没按时履行过的计划表来实现梦想，那么死人也会跳出来为他鼓掌。

　　为了惩治这个"窃贼"，有一些天才创造了一些奇葩的办法。比如维克多·雨果，他写作的时候不穿衣服，让管家把他的衣服都藏起来。他疯了吗？那倒没有。因为这样做，他在该写作的时候就只能乖乖地写作，不可能赤身裸体地出门。

　　对张广林和老教授来说，雨果的妙招自然是没法效仿的，对他们而言，只要能意识到拖延是"生命的窃贼"这个事实，就已经是一件幸运的事了。

拖延就是一团乱麻

拖延的人心里都知道，拖拖拉拉并不是什么好事，每次在最后期限内把事情赶完时，都像死里逃生。但这种劣质的快乐体验，被压迫出了所谓的"高效率"，又会让他们尝试着再玩一次冒险。只可惜，谁也无法保证拖延的人每次都能那么好运，能恰好在"deadline"前把事情搞定。生活中有些事情，只要你晚了一步，那就可能栽个大跟头。

张广林"栽了"。他以为拖延的问题在工作中注意点儿就行了，可他没想到，拖延症竟然遍布生活的每个角落，防不胜防。上次是精神上的百般折磨，这次除了精神折磨还遭受了经济损失。原本就不富裕的他，信用卡无缘无故地被人给划走了 3000 块钱。

对于张广林来说 3000 块钱是什么概念？简直就是他的半条命，他每个月辛辛苦苦才挣 4500 块钱，省吃俭用，一个月下来，也就能剩下 2000 块钱。摆明了，他这一个半月都白干了。痛苦、懊悔、失眠，合起伙来欺负张广林，大老爷们儿也不能痛哭流涕，只好逢人就抱怨抱怨，对那位当时撺掇他办卡的哥们儿，更是满心不满。

这事，怪得着人家吗？当初，人家在银行上班，鼓动他办了卡，说用不用都没关系。张广林一想，人家混口饭吃也不容易，就算帮个忙吧！去年，网络上报道说，他办卡的那家银行存在非法泄露信用卡客户资料的事，给他办卡的哥们儿好心打电话提醒张广林，让他赶紧修改一下个人信息，并且告诉他平时如果不怎么用的话，就去注销了也行！张广林嘴上答应了，心里却没把它当回事，想着这么简单的事，几分钟就能搞定，不用着急。

要说这点儿事和绞尽脑汁想策划案比，显然是容易得多。可原本不难办的事，张广林就是拖着不办。几个月过去了，他倒是记得有这么一回事，可就是懒得去做，这一懒不要紧，丢了 3000 块钱！自己亲手酿造的"黄连水"，苦不堪言也得皱着眉头咽下去。

此事之后，张广林抱怨了很长时间——"我怎么这么倒霉？"其实，这跟运气根本就没什么关系，人家早就提醒过他，是他自己一直不当回事。说到底，还是拖延症害了他。因为当拖延成为一种常态时，不管做什么事，人都会下意识地拖延。

就拿晚上睡觉的事来说，张广林下过 N 次决心，要在 11 点之前睡觉。为了实现这个小目标，他也做过努力。10 点钟就洗漱完毕躺在床上，等着周公的召唤。在等待的时候，他心里有个声音一直作祟："时间还挺早的呢，不如刷刷微博、聊会儿微信吧！"

他顺手拔掉了正在充电的手机，开始了他的睡前消遣活动。结果，看看微博、聊几句微信、再玩会儿游戏，不知不觉就到了凌晨。他心里一阵懊悔，告诉自己："明天，明天我一定 11 点之前就睡觉。"天知道，到了第二天，他还是老样子。就这样一天拖一天，几乎每天他都是凌晨才睡觉。偶尔迷上个电视剧，能看到凌晨两三点。早晨到了公司，对着电脑就想吐，一天头昏脑涨。

拖延症其实是人的一种顽固的心理和行为习惯。什么叫作习惯？很简单，就是很难改变的行为模式，尤其是长期形成的坏习惯。虽然你可能意识到了它的危害性，并且也想改变，但又被这种习惯牢牢地支配，难以摆脱，一直在痛苦的沼泽中挣扎。就像心理学家派希尔说的那样："习惯会变成无意识的大脑运作过程。如果长时间拖延，人们便会从根本上习惯性地保持这种状态。"

与此同时，拖延症还跟人的侥幸心理有关系。回忆一下，张广林不去修改信用卡的个人信息，不去注销信用卡，是不是也是因为存在侥幸心理呢？他觉得事情不可能那么巧偏偏降临在自己身上。恰恰是这个心理纵容了他的拖延。结果呢？麻烦和问题没有因为他的回避而消失，反而那小概率事件就发生在了他的身上，变成了百分之百。无奈，只得认了。

对于拖延的人来说，最糟糕的事莫过于拖延变成了如影随形的生活方式。想想看，从早上起床到晚上睡觉，从工作到生活，大部分的时间，大部分的事情都处于拖延状态中，该有多么可怕？长久下去，麻烦肯定是接二连三地到来，因为暂时的逃避和遗忘只能让你获得片刻的轻松，而真正的问题却一直待在那里，从未被解决。

与"压力山大"说拜拜

"告诉我，告诉我，有什么事是做完了的？"

别误会，这句话不是张广林说的，而是拥有画家、哲学家、音乐家、发明家、地理学家、生物学家、建筑工程师等一大串头衔的文艺复兴巨匠达·芬奇说的，在恶疾缠身、行将就木之际，这是他痛心疾首、满怀悔恨时发出的疑问。

他离世的时候，留给世人一箩筐的手稿，记载着无数有头没尾的伟大构想，包括直升机、机器人、坦克、温度计等设计。人们把他誉为近代生理解剖学始祖和天才，可惜他在世时并没有就其研究发表过任何一部著作；人们把他誉为最具才华的画家，可他留下的作品却不超过 20 幅。他有太多想要实现的想法了，可它们被拖延了几年、几十年，甚至一辈子。

张广林没有达·芬奇的天分，可他却慷慨地与伟人共同承担着拖延的害处。

周末早上，张广林坐在客厅里愣神，蔫头耷脑的，一言不发，一副不正常的样子。老妈在屋子里进进出出地忙活着，扫地、拖地、擦桌子，嘴里哼着歌，俨然没把伤心的儿子放在眼里。

张广林嘟囔了一句："妈，你怎么这么高兴啊？"

"我为什么不高兴啊？倒是你，像霜打的茄子。"

看来，老妈也不是什么都没看出来。

"唉，没事儿，就是最近特别烦！"

张广林跟老妈像朋友，从小到大经常谈心。

"去玩会儿游戏吧！每次叫你吃饭，你都不动窝。玩得那叫入神。"老妈在提议时也不忘批评一番，这就是她的高明之处。

"以前我还挺爱玩的，可昨天晚上玩了会儿，就觉得烦了，没什么意思。玩的时候，一直想着还有份策划没做出来，周一就得交了，心里特别着急。一着急吧，游戏就玩不好，总是输，然后就更心烦，整个人都不在状态。"张广林如实地说出了自己的心事。

"周一就要交了，那你怎么还在这里愣神？赶紧去做啊！"老妈比张广林还着急。

"我也知道时间紧，可就是动不起来。想起那份策划案，改来改去好几次了，不知道死了多少脑细胞，客户还是不满意。我脑子里的那点想法，都被榨干了，可他们又催着要，我现在就跟愚公差不多，背着一座山，快累死了。昨天我就挺烦的，可想着不是还有周末吗？也就没往心里去。可到了现在，我还是静不下心来，一直拖着没动，我心里都快着火了……我在想，要不干脆转行得了，做这么一份费脑子的活，早晚得变成痴呆。"张广林越说越泄气了。

其实，烦恼又泄气的人，何止张广林一个人呢？所有拖延的人都如此，桌子上贴满了各种招人烦的"deadline"、各种两天以内必须要完成的任务，心里压力山大，手里却还在点着淘宝、微博，不拖延到最后一刻，不熬夜加班，就不算完。总觉得，到了那个份儿上，才能真正进入最佳状态，才能有高效率，才能置之死地而后生。

这也不难理解，人类的心理活动遵循一个规律：情绪需要一定程度的紧张，然后再予以释放，在一张一弛中，让人感受到释放紧张后的轻松感。不过，在现实生活中，未必有那么多让人紧张的事，只不过是人有意无意地给自己设置了一些紧张的情境，而拖延就成了追寻释放感的途径之一。这一旦成为了习惯，就难以摆脱，甚至出现强迫症的倾向。

张广林也有过类似的经历。不需要加班的时候，他也不会早早睡觉，非要打开个文档，假模假式地在那里耗着。等到压力真正降临时，他又开始焦头烂额，一边抱怨压力大，一边辛苦地干活，但他却不知道这些压力都是自己造成的。

表面上看起来，拖延的人像是拒绝压力，可实际上他们需要压力，需要借此给自己带来释放情绪的机会。

心理学家发现，尽管紧迫感可以带来一定的效率，但一件事拖到最后，会面临巨大的时间压力。在这种压力的逼迫下做事，会消耗更多的心理能量，让人充满忧虑、焦灼和内疚感。就算完成了任务，也会觉得筋疲力尽，而且慌慌张张地做事，很容易出错。

相反，如果从一开始就有条不紊、从从容容地开展工作，心里就会更加踏实，完成任务之后也会更有成就感，也更能增强自信心。不过，这样的感受，张广林似乎很少体验过。他所感受到的，不过是"压力山大"的烦恼和郁闷。

拖延是一种慢性病

"岁月，真是一把杀猪刀。"办公室里的女同事们经常用这句话悼念逝去的青春，张广林也经常把这句话挂在嘴边，不过他所悼念的是自己的"活力"。

遥想刚进入这家广告公司时，那可真是意气风发。张广林进入了自己喜欢的行业，他期待着在职场上大展拳脚，尽情地发挥自己的才能，感觉前途一片光明。当他看到自己设计的广告出现在各大报刊、媒体上时，他更是抑制不住自己内心的激动。当时，每接到一个新任务，他都全身心地投入，总是以最快的速度、最好的质量来交差。

站在现在的角度回头看过去做的案子，确实有点小儿科，可那份激情、那份认真，是现在的他比不了的。

好哥们儿告诉他，在职场混久了，人都是会变的。虽说张广林从这番话里能得到一点点安慰，可他还是不太喜欢现在的自己，他总觉得现在的自己真是不堪一提。

他真有这么差吗？看看他目前的真实状态就知道了。

对新生事物没什么兴趣，总觉得事不关己，就可以高高挂起。

不管什么事，总要拖到最后才开始去做，一点自控力都没有。

无缘无故地烦躁、喜欢挑毛病，好几次被人说成"更年期综合征"。

但凡稍有麻烦的事情，都坚决持逃避态度，心想着"烫手的山芋接不得"。

被动地接受现状，很少主动研究存在的问题。

对很多事情都感觉无奈，从不主动地去想如何应对。

不知道自己想要什么，没有明确的目标，得过且过。

独处的时候打游戏、睡觉，长期不进行自我反省。

工作没有条理，也没有具体计划，就算有计划也不按计划执行。

心里缺少力量感，总觉得疲惫不堪。

说话的语速比以前慢，没了雷厉风行的气势。

煽情的能力明显减弱，心里像一潭死水。

上述这些都告诉张广林，他对工作、生活已经丧失了激情。没有激情的人，自然也就没了什么动力。遇到棘手的案子，张广林就想着退缩、辞职不干；就算是手到擒来的案子，做得也是马马虎虎，可能是因为心里有底，就更加不会全身心地投入了。他不再感觉工作是一种幸福，完全丧失了以往的热情。每天面对烦琐和头疼的事情，他感觉心情烦躁、心不在焉；看到公司新来的那些90后的同事，他更觉得自己老了，没了朝气，没了奋斗的力量。有时候，他甚至想：要不然就这么耗下去吧，混到退休的年龄，有点零花钱就得了。

可是，他又有那么一点不甘心。自己不该是这样的呀？从前的自己很阳光，充满正能量，怎么越活越抽抽了？要说，生活的可怕之处就在于此，有的人安于现状，不自卑不敷衍，淡然地活着；有的人想去远方，想要热烈的生活，累得够呛却也轰轰烈烈。最尴尬的就是张广林这样的，活在另一种生活里——上不去，下不来，心里想改变，整个人却又像被卡住了一般；不甘心就这样混下去，但又没有魄力改变现状。

病孩子网站的首页有一句杜马的话："我们由于聪明而变得狡猾，由于狡猾而缺乏勇气，由于缺乏勇气而猥琐。"张广林还没有沦落到猥琐的地步，他只是从一个脚踏实地的年轻人变得有些狡猾，因为这份狡猾又开始拖延，最后弄得自己失去了探索新生事物和改变一切的激情与勇气。

拖延症害人，这是绝对的真理。想想看，张广林一次次地拖延，一次次地体验着手忙脚乱、自我怀疑的感受，激情尽失。没有了激情，自然就不会有超凡的行动力，更不会以高标准要求自己，如此一来他又会纵容自己拖延，于是就陷入了一个难以逃脱的怪圈。

罪魁祸首是谁？当然是拖延。如果拖延的问题不解决，张广林这辈子都只能浑浑噩噩地度过了。

麻烦，是人生路上的必需品

1963年，气象学家罗伦兹提出了著名的"蝴蝶效应"，其意为：南美洲亚马孙河流域热带雨林中的一只蝴蝶，偶尔扇动几下翅膀，就可能引发两周后美国得克萨斯的一场龙卷风。因为，蝴蝶扇动翅膀的时候，导致了周围的空气系统发生变化，产生了微弱的气流。这股微弱的气流又会引起四周空气或者其他系统的相应变化，这一系列的连锁反应，最终将导致其他系统出现极大的变化，酿成可怕的龙卷风。

这个效应张广林很早就听说过，包括根据此效应拍摄的《蝴蝶效应》系列电影，他也一部不落地欣赏了。对此，他所领悟的除了学校课本里教的"失之毫厘，谬以千里"以外，还有自己悟出的"人生总会有遗憾，重来也不会改变"。可他怎么也没想到，"蝴蝶效应"不止于此，尤其是在不起眼的拖延问题上，也可能会掀起一场可怕的"风暴"。

那是公司安排的一次培训讲座，主题是——快速处理微小的意外事件。那位讲师是一家知名企业的培训顾问，模样长得精干，年龄也就35岁左右。张广林看着人家站在台上，一副受人尊敬的姿态，心里羡慕极了。他不知道自己这辈子有没有机会也能这么出彩，哪怕一次也好啊！

　　培训课上，讲师提到，很多人在发现细微的问题时不怎么重视，总觉得可以拖一拖再解决。听到这番话，张广林和其他许多同事一样深有同感，感觉好像就是在说自己。接下来，那位顾问讲到了拖延的可怕性。

　　克里·乔尼是美国一个火车站的火车后厢的刹车员，人很机灵，总是笑呵呵的，乘客们都挺喜欢他。不过，他有一个缺点——讨厌加班。虽然领导和搭档们都知道他有这个毛病，可依然觉得他是一个不错的刹车员。

　　有天晚上，一场突然降临的暴风雪使得火车晚点。这就意味着，乔尼又得加班了。他和平时一样，嘴里不停地抱怨着："这个鬼天气，烦死人了！"一边说一边想着怎样能够逃掉夜间的加班。

　　祸不单行。就是因为这场暴风雪阻碍了一列快速列车的运行，这列快速列车不得不拐道，几分钟之后就要拐到乔尼所在的这条轨道上来。列车长接到通知后，赶紧命令乔尼拿着红灯到后车厢去。做了多年的刹车员，乔尼也知道这件事很重要，可他想到后车厢还有一名工程师和助理刹车员，也就没太在意。他笑着对列车长说："老兄，用不着太着急，后面有人守着呢！我拿件外套就过去。"

　　列车长严肃地警示他："人命关天，一分钟也不能等。那列火车马上就要进站了！"

　　看着列车长焦急的样子，乔尼也故作严肃地说："我知道了！"

　　听到这个答复之后，列车长就匆匆忙忙地向发动机房跑去了。

　　乔尼平日里习惯了用拖延来消磨时间，这一次也不例外。他觉得有同事在后车厢扛着呢，应该不会有事。列车长走远后，他喝了几口酒，驱了驱寒气，吹着口哨慢悠悠地向后车厢走去。然而，等他快要靠近后车厢时，突然发现工程师和助理刹车员竟然都没有在里面。这时，他才想起来，半个小时前他们被列车长调到前面的车厢处理其他事情去了。

乔尼慌了神，快步地跑过去，可是，一切都已经太晚了。那列快速列车的车头在刹那间撞向了前面的火车，紧接着就是巨大的声响和受伤乘客的呼喊声。

事后，人们在一个谷仓中发现了乔尼，他一直自言自语："我本应该……"，他疯了。

听完这个故事，所有人都沉默了，张广林也是。他从来没想过，一件细微的事竟然能和生命联系起来；他也从来没想过，拖延竟然是这么可怕。他开始假设，如果我是一个医生；如果我是一个工程监理；如果我是一个药剂师……他有点不敢想了，他不知道按照自己过去的行为模式，会有什么样的结果。

他突然想起来一首民谣："丢了一个钉子，坏了一个蹄铁；坏了一个蹄铁，折了一匹战马；折了一匹战马，伤了一位将军；伤了一位将军，输了一场战斗；输了一场战斗，亡了一个国家。"

此时此刻，他清醒了许多，想起蝴蝶效应、想起电影、想起那位顾问说的故事，他终于明白：谁也不可能回到最初改变"过去"来达到改变现在的愿望，唯一能做的就是把握住现在。

被解雇了，究竟有多惨

好友阿斗被解雇的那天晚上，曾经问过张广林一个问题——"如果老板在上班的第一时间，郑重地通知你，从今天开始你不再是公司里的策划主管，让你去客服部接听电话。老板没给出任何解释，你是服从安排，还是拂袖而去？"

当时张广林觉得，阿斗是受了刺激神经错乱了，他认为这样的事根本不可能发生。可阿斗却告诉他："一切都有可能发生！"

很快，他就明白了阿斗在说什么，也相信了阿斗的话。

公司的设计师艾林达，平日里工作一丝不苟，就算是细枝末节她都不放过。如果发现方案有丁点儿做得不好的地方，她马上就会全盘推倒，重新再做一份。虽然她做出来的东西是不错，可她这股子较劲的性格，也让她成了公司里的"超级名磨"。

前几天，公司接到了一个大单，开会的时候，老板一再强调要做好创意文案。张广林知道，这是在给自己安排任务。接着，老板又要求艾林达所在的设计部全力配合做出一套完美的设计图。虽然艾林达很磨蹭，可她还算是有能力，老板想了想，还是决定让她接手最主要的任务，要求她把内容做得时尚前卫一点，并且特别强调必须按时完成设计图。

艾林达没敢懈怠，一刻没停，开始苦思冥想，希望能拿出一个令人皆大欢喜的作品。可是，整整一个星期过去了，连张广林这么磨蹭的人都交了策划案，她还没想出让自己特别满意的切入角度。换句话说，她的设计图还是一张白纸。

眼看就要到"deadline"了，老板每天在网上询问情况，偶尔还要跟她面谈。张广林亲眼看见，老板有好几次都是忍着脾气，尽量不发火，可他的神态却透着一股子不耐烦和愤怒。

张广林有一颗怜香惜玉的心，看到艾林达沉默不语、闷头苦想的样子，突然觉得她有点儿可怜。可惜，心有余而力不足，设计图的事他一窍不通，也帮不上什么忙。艾林达坐在电脑前，始终没有构图，张广林下班走的时候，她还在那里绞尽脑汁地想。

第二天早上，艾林达带着一脸倦怠和黑眼圈走进了办公室。张广林在 QQ 上悄悄地关心了她一下："怎么样？工作有进展了吗？"

艾林达说："总算是找到了切入点，昨晚上一夜都没睡。只是，设计图的方案还是有点瑕疵，得继续修改。"

张广林给她加了加油，心想："人家一个女孩子，出门在外打拼，也不容易啊！"

就这么加班加点熬了 3 天，艾林达还是没能如期完成设计图。公司是第一次跟那家客户合作，因为没能如期交出设计图，公司损失了不少，信誉也受到了影响。一气之下，老板就让艾林达卷铺盖走人了。

职场上，拖延引发的最直接的后果就是耽误工作、影响情绪、破坏团队合作和人际关系。像艾林达这样的严重拖延症患者，自然只能被解雇，因为这是个讲求效率的时代，你比别人慢，就可能被落下；做同样的事，你比别人磨蹭，就意味着你创造的价值小。相比而言，哪个老板愿意用一个整天拖拖拉拉的人？

当然，作为老板，他除了担心你能创造多少价值外，他更害怕的是，患有拖延症的你，会不会把拖延症传染给周围的人。若是那样的话，情况更糟糕。我们经常会看见这样的情形：办公室里有一两个爱抱怨的家伙，有事没事总喜欢嘟囔两句。领导让大家发挥想象力找到解决问题的最佳办法，别人都踊跃地想怎么办呢，他们却冒出几句泄气的话来，顿时让大家灰心沮丧，前功尽弃，坏心情很快就在他人的脸上表现出来了。这样一来，原本能解决的问题，又被搁置了。

看到今日艾林达的遭遇，张广林心里有点发毛，他有种不好的预感：如果自己再拖延，再有几次迟交任务，说不定下场比艾林达还惨！至少老板今天是把艾林达叫到办公室里谈辞职的，若自己哪天撞到枪口上，说不定会当众对自己发飙，让自己颜面扫地。

他默默地在心里念叨："好好干吧，千万别拖延。"其实，他更想说："拖延也没用，是你的事早晚还得自己干，折磨半天也没折磨到别人，全是给自己找罪受。艾林达的前车之鉴活生生地在那儿摆着，我是得好自为之了。"

谁来"还我健康"

拖延，从来都不是解决问题的办法，只是一种暂时逃避的手段。不管拖到什么时候，事情都不会自动解决，任务也不可能自动完成，就像仓央嘉措的诗中写的那样："你见或者不见，它就在那里，不离不弃。"

对此，很多人都心知肚明，可知道是一回事，做又是另外一回事。

张广林过去一直以为，拖延只是不能按时完成任务，会让后期有点焦头烂额罢了，可最近他发现，事情远远不是这么简单。在豆瓣的"战拖小组"里，他看到一个资深豆友发的帖子，诉说着自己如何深受其害。

那位网友名叫"吻别拖拉斯基"，是一名建筑设计师。她所在的行业，是一个典型的"男人圈"，女性很少。可身处这样的圈子里，她并没有得到什么特殊照顾，相反有时会比男人更累、更辛苦。她在豆瓣上写了一部悲催的血泪史。

"最近，身体状况越来越差，感觉已经到了崩溃的边缘。晚上躺在床上怎么都睡不着，急得头皮发麻；早上睁不开眼睛，不想起床。每天在单位里，头昏昏沉沉的，根本不能集中精力做事，上班的时候不想干活，总想着下班再找补回来，可下了班就更不想动弹了。"

"本来，周末计划着画一份设计图，从早晨起来就在电脑前琢磨着这件事，觉得肚子饿了，就先给自己做了一份早饭。吃饭的时候，脑子没法想事情，就顺手点开了网页，看看那些知名设计师的作品集，希望能找到点灵感。就在边吃早餐边在网上闲逛的时候，想起前些天朋友推荐的一部电影，据说里面的布景很别致，整体格调也不错，也许能够作为参考。于是，就找到那部电影看了起来，结果大失所望，剧情太老套了，但背景确实不错。我心不在焉地看着，脑子里乱乱的，像是有两个孩子在打架。一个声音说：'赶紧去干活吧，看这种垃圾电影有什么意义呀？'另一个声音说：'看电影也是在为工作做准备，这并不是单纯的消遣，何况它的布景真的很好。一个声音又说：'你没见过比这更好的设计吗？完全就是借口。'另一个声音辩驳道：'可是这个真的很好，我想继续欣赏。'"

"其实，我何尝不知道，自己的工作没做完，在这里看电影太奢侈。可是，我从早上起来的时候就觉得头昏昏的，真的不敢给自己太大的压力，怕头疼得更厉害。就这样，我心不在焉地盯着屏幕，可看着看着，头还是像要爆炸一般，我只得乖乖地躺回床上。"

"躺了一会儿，我感觉头痛欲裂，且全身上下都十分不舒服。因为实在太难受，这一次，我没再拖，直接打车去了医院。医生看了我一眼就说我压力太大、作息不规律、身体功能紊乱，患了轻度抑郁。医生还说：'一个不到30岁的姑娘，看起来一点精神都没有，满脸愁容，连走路都有气无力，根本不像这个年龄的人。'医生开了一些药给我，让我放松，别太紧张，早睡早起。"

"回到家后，看到桌子上的一堆文件，以及开着的电脑，想起还有那么多活要做，始终都不能静下心来。就这样，既不能安心干活，也不能好好休息，在拖延和自责中，我的身体越来越差，精神状态也很糟糕，有时候躺在床上，我都希望第二天不要到来，因为我不想面对。"

看完她的帖子，N多人回复，感叹自己也有类似的经历，有的人建议她暂时请假休息、调整一下状态。张广林也想说两句，可是想了半天，也不知道说什么好。告诉人家该怎么办吗？真是可笑，他自己还在拖延和自责中受折磨呢！只不过，他病得还没这么厉害，他也没想到，拖延能把一个好好的人给折磨成这样。

这样的事，并不意外，也不夸张。研究证实，当人的身体感觉压力大时，大脑会控制神经系统自动释放出来应激激素——肾上腺素和皮质醇。当身体的压力渐渐释放后，身体会恢复到平衡状态。如果压力过大，或者是持续时间太长，应激激素就会很快消失，不能起到保护身体的作用。压力会使人的血糖升高，影响睡眠，让身体自我修复能力受到影响，并且会破坏免疫系统。当这一系列问题都出现时，可想而知，一个健康的人会被折腾成什么样。

怪不得有人说拖延是慢性自杀呢！这个可怕的毒瘤，无时无刻不在破坏与消耗着人的精神和体力，如果任由它去，最后不是焦虑症就是抑郁症，要么就是强迫症。这些结果，张广林一个也不想要。他下定决心，一定得跟拖延症死磕到底，消灭它！

如何把拖延发生的概率降到最低

　　网站上曾有人发起过一个活动：每天早上写下自己当日的工作计划，等到晚上的时候再跟帖说明一下完成的情况，看看自己是按时执行了，还是拖延了。参与这项活动的人很多，大多数人早上都信心满满地写下了要做的事，可到了晚上却都丧气地感慨："真烦啊！又没完成！"

　　看到这儿，很多并未参与这项活动的人表示，其实自己也跟他们差不多。虽然心里很想彻底摆脱拖延的毛病，可就是克服不了心理上的惯性，总感觉自己很难一口气完成某项任务。

　　对此，加拿大卡尔加里大学的教授皮埃·斯蒂尔用了 10 多年的时间，研究了上百种的拖延情况，最后得出一个结论：长期以来，人们对于拖延的解释——太忙了和太懒了，并不太正确。和普通人相比，患有拖延症的人更冲动、更古怪，令人捉摸不定，他们很少关注事情的细节，也不太尽职尽责。他们相信自己可以完成某项任务，并且很在乎自己是否真的能完成，这一点跟懒惰的人全然不同，懒惰的人根本不在意任务是否能完成。当然，拖延的人和懒惰的人也有共性，那就是他们都喜欢找一大堆天花乱坠的理由给自己开脱。

　　斯蒂尔教授对拖延进行深度研究后还发现，一个人是否拖延，以及成功戒掉拖延习惯的概率有多大，是可以计算的。对此，他提出了一个"拖延症计算公式"：

$U=EV / ID$

在这里，先给大家解释一下公式中各个字母所代表的意思：

U：完成给定任务的愿望

E：对成功的期望

V：创造的价值

I：任务的紧迫性

D：主观拖延的程度

这个公式意味着，人往往会拖延那些无法立刻见到回报的事，而是会把精力全部放在能够直接产生效益的活动上。

举个最简单的例子：有人让你做一件事，可以选择两种回报方式——马上给你 50 块钱，或者是一年之后给你 100 块钱。多数人肯定会选择马上就拿到 50 块钱，因为这是立刻能看见的回报，至于一年之后的事，那谁也不敢说。

如果换种方式：有人让你做一件事，依然是两种回报方式——5 年之后给你 1000 块钱，6 年之后给你 2000 块钱，那么多数人又会选择 2000 块钱，因为都是无法立刻看见回报的事，无所谓再多等上一年。

言归正传，回到拖延公式的问题上来。斯蒂尔教授认为，这个公式不仅可以计算一个人成功克服拖延习惯的概率，还能预测拖延什么时候会发生。通过分析分子分母的大小，然后据此调整行为模式，就可以帮助人们把拖延发生的概率降到最低。对广大习惯拖延的人来说，这个公式的确是值得一试的好办法。

第二章

揪出那个"拖拉斯基"的真凶

拖延症无处不在，形态各异，无数人深受其害，却找不到逃离的出口。俗话说得好："因病开方，对症下药。"你得先知道是谁把你变成"拖拉斯基"的，才能找到治愈的良方。现在，就来揪出那个"真凶"吧！

诡异的"心理症结"

经历过拖延的折磨，见识了拖延的悲惨下场，这一次，张广林是下定决心要痛改前非了。

加入豆瓣的"战拖小组"后，他每天晚上都会在线看帖，深入了解这被万人所咒骂的"坑爹"的拖延症。他心里一直有个疑问：人为什么要拖延呢？这一看不要紧，那理由可真是千奇百怪，令他深感自己孤陋寡闻。原来，每个人心里都藏着一些不为人知的小秘密。

1. 与规则抗衡

网友"鱼豆"是一家礼仪培训公司的经理，她说自己是个"自由派"，最讨厌被什么乱七八糟的规则束缚。读书的时候，如果老师布置的是开放式作业，任由自己发挥，她肯定做得特积极；如果是命题式作业，让围绕着某个点来做，她就觉得很压抑，每次都要延期提交，而且做的质量也不会太理想，有时候根本就是在打"擦边球"。

结果呢？自然得不到高分，有时还会被当成反面典型。不过，她对此并不是特别在意，反倒觉得这是有个性的体现。

对此，有位资深心理学家分析说：规则让人感觉到拘束，所以大脑会产生想要冲破束缚的欲望。不过，有些人不太敢冒险，只是偶尔为之，不会太过火；有些人就不同，经常想与规则抗衡，就像鱼豆这样。于是，拖延就成了她抗拒规则的一种手段，打破了规则，她才能找到自我的存在感。

这个解释，张广林还真是头一次听说，他不得不佩服，网络上尽是一些无名的心理专家，而且还那么热心，来为他们这些可怜人进行"义诊"。

2. 在权威面前找平衡

网友"苏珊大妈"也是一位"名磨"，她直接给出了自己拖延的理由："我看不惯那难缠的女魔头（女上司），她整天挑三拣四的，一副做作的样子，恶心至极。每次我辛辛苦苦做出来的方案，大家都觉得不错，可她非要按照自己的想法修改一遍，在我的基础上画蛇添足，要么就改得面目全非，最后拿到大老板那里，说她付出了多少心血！姐就是不服气！现在我学会了给她拖着，迟迟不交，看她急得像热锅上的蚂蚁我就特痛快，一下子找回了心理平衡。我就是想看看她在大老板面前出丑的样子……唉，虽然有时我也会'良心发现'，想改改这个毛病，可是好难啊！"

3. 防止私人领地被入侵

要说林子大了什么鸟都有，除了工作上的这些拖延狂，还有更加奇葩的事呢！

梅丽莎，多么洋气的名字啊！外加一个小清新的头像，让人想入非非。可一看帖子，让人大跌眼镜，她竟然是一位奔四的大姐，还是一位全职的家庭主妇。张广林想不明白，这年头怎么连全职主妇都患上拖延症了？太不可思议了！他更想不出，这位大姐有什么可拖延的？难道是耗着不做饭？这不太可能吧！

事情是这样的：梅丽莎爱美，可偏偏脸上长了几颗恼人的雀斑，这些讨厌的家伙跟了她很多年，始终是她的一块心病。她尝试过 N 种化妆品，吃过很多服中药但都没见效。最后，她干脆"死马当活马医"，从网上买了一瓶点痣的药水。嘿，没想到这一试，还真有点用！虽然那些又黑又大的斑点没有彻底消失，可总算是变浅了，再涂点东西遮盖一下就不碍观瞻了。

遇到这么好的事，梅丽莎自然高兴。可让人心烦的是，有个邻居一直追问她是怎么弄的，说自己有个亲戚也有这问题。梅丽莎觉得，美容这件事，本来就属于隐私，而且还想让人感到意外，想听见人说："哎哟，你现在的皮肤真好！""你一点都不显老。"

至于到底吃了什么灵丹妙药，用了什么独门绝技，那都是自己的秘密，谁都不愿轻易告诉别人。

这一回，不长眼的邻居算是又入侵了她的私人领地。因为在此之前，她竟然还向梅丽莎打听过她的家庭菜谱秘方。对于邻居的这些令人难以回答又不知道该如何拒绝的问题，梅丽莎只能选择拖延。

她告诉邻居，自己也记不清楚是什么品牌、哪儿产的了，得回去看看。结果呢？每次被问起，她都说："最近太忙了，我都给忘了。"

邻居只得说："不着急，不着急。"

　　最后，在梅丽莎拖了 3 个月之后，她的邻居终于放弃了，不再追问。梅丽莎坦言："她不再来烦我，我真觉得舒服多了，要不然心里就跟塞了煤球一样。"

　　真是不看不知道，一看吓一跳。张广林自言自语："人心真是复杂啊！拖延的理由一个比一个新鲜。"有时，他真是挺感谢网络这玩意儿的，能让他有机会见识这么多奇闻趣事。不过，他心里的疑问还没完全解开：自己的拖延症到底是怎么回事呢？

拖延与懒惰，狼狈为奸

有句话说："人在可以懒的时候，不会不懒。"

此刻，这句话出现在了某个网页最醒目的位置，张广林的眼前一亮，像发现了新大陆。他真的很是佩服那些富有哲思的人，他们怎么能说出这么精辟的话呢！他甚至想跟说出此话的大师握个手，说上一句："知己啊！"

若说其他事，张广林还是有些优点的，但提及懒惰这件事，他可谓是懒到家了，无人能及。来说说张广林平日里的"懒惰事迹"吧！

走进他的卧室，完全可以用 4 个字形容——惨不忍睹。衣服扔得乱七八糟，臭袜子床上一只、椅子上一只；有时早晨想刮刮胡子，翻箱倒柜地找剃须刀，最后，终于发现它在鞋柜里躺着……他都无奈了，这两个八竿子打不着的东西，怎么能跑到一块儿去？

有一次，家里来了亲戚，到他房间里转了一圈。张广林挠挠头，不好意思地傻笑着，赶紧把椅子上的衣服抱起来扔到床上，挪出了可怜巴巴的一小块地方让人家坐。人家没待一会儿就出去了，估计是受不了了。那一刻，张广林真是恨不得找个地缝钻进去。他不由得开始敬佩起自己的老妈来，每次打扫卫生的时候她都念叨："这得天天防贼。我要不收拾，谁知道哪天家里就来人了？弄得脏了吧唧的招人笑话，人家回去肯定得说：'瞧这一家子懒的！'"

过去，老妈还帮他收拾收拾房间，或是提醒他："你洗洗衣服，扫扫地，擦擦电脑……不知道的，还以为你那屋子被抢劫了呢！"

张广林当时也想："嗯，是得收拾一下。"

可是，这念头也就在脑子里存活了那么一两分钟，很快就有个声音说："着什么急，回头再说吧！这屋子现在这么乱，也不知道从哪儿收拾……算了！"于是，收拾屋子的事，就无休止地被拖延了。

世人常说：夜路走多了，难免碰见鬼！当亲戚走进张广林卧室的那一刹那，他才彻底领悟了那句"早知今日，何必当初"的古语。

面对那种尴尬的境地，他发誓，以后再也不会这么懒了。可是，等亲戚走了之后，他就全然忘了这码事，还找了个理由为自己开脱："耽误了一天的工夫，得忙活点儿工作的事了。"多好的理由啊！然后，他心安理得地继续生活在那乱糟糟的窝里。

在家的他这么懒，公司里的他也没多勤快。每到值日那天，他一点都不自觉，照样睡懒觉，照样踩着点进公司，非要等到同事提醒他，才想起来该自己打扫卫生了。时间这么紧迫，他又那么懒，也就是糊弄一下做做样子罢了。对此，他还振振有词："家里我都不收拾，还跑到这儿来献殷勤？"

其实，很多时候他不是真的忘了，而是希望别人忘了，然后自己也顺着说："哎呀，我都忘了……瞧我这记性。下回我补上！"

再看办公桌上那厚厚的一层土，什么都不用解释了。有阳光的时候，显示器屏幕上的灰尘都在偷笑："这家伙，对咱们真好，遇见他总算是尘埃落定，不用再四处漂泊了！"

张广林知道自己懒，这不用谁告诉他，可他之前从没拿懒当回事，只觉得一个大老爷们儿"不讲究"是挺正常的事，若每天弄得干鞋净袜，桌子擦得能照见人，那是"伪娘"干的事。看看自己身边的那些哥们儿，也没比自己强哪儿去，好歹自己偶尔还用手洗个袜子呢，有些人，袜子和内裤都直接交给了全自动洗衣机。

不过，现在张广林是打算和拖延说拜拜了，他不想纵容自己继续跟那些更懒的人比。因为"战拖小组"里已经有人举出了大量的佐证：懒惰与拖延是狼狈为奸的搭档。所以，关于懒惰这个臭毛病，他不得不重视起来了。

心理学家乔治·哈里森说："拖延是一种不能按照自己的本来意愿行事的精神状态，是缺乏意志力的表现。"尽管意志力和拖延看起来似乎没多大的关系，但拖延的确是人在惰性心理影响下导致行动力减弱而形成的一种陋习，让人一步步地耗下去，最后一事无成。

张广林的心里还存活着一些理想的小幼苗，他不愿自己到暮年时，拄着拐杖、一把鼻涕一把泪地说："这辈子算是白活了！"至少现在的他还算年轻，还有改变的机会和可能。所以，从这一刻起，他已经瞄准了自己的第一个敌人——懒惰。

当然，拖延症很复杂，往往不是单纯由某一方面的问题导致的，它有多种诱发因素，根据不同的环境、不同的心境、不同的事情，有选择性地"复发"。

今天的拖延可能是因为懒，明天的拖延可能又是因为其他的问题。所以，这场仗还不能打得太着急，要等把敌人一个个全揪出来，再想办法逐一将其"干掉"！

万恶的完美主义

美国芝加哥德保尔大学心理系副教授拉里说："某些拖延行为其实并不是拖延的人缺乏能力或努力不够，而是某种形式上的完美主义倾向或求全的观念使得他们不肯行动，导致了最后的拖延。他们总在说：'多给我一点时间，我能做得更好。'"

这番话，不禁让张广林想起被公司炒了鱿鱼的艾林达。论能力，艾林达真的比新来的那位设计师强上好多倍，她的创意总是独特的，让人眼前一亮，超出意料；论职业素养，艾林达早出晚归，勤勤恳恳，这一点张广林远不及人家。有时候他觉得，老天也忒无情了，那么卖力干活的一个好姑娘，竟然被炒了鱿鱼，而许多滥竽充数的家伙（包括自己），反倒留了下来。

当然，也不能全怪老天、全怪老板，仔细想想，艾林达确实有点让人忍无可忍。别的设计师3天就能出来的作品，她恨不得要用3个星期，虽说出来的东西是不赖，可这时间嗖嗖地过去了，老板心疼啊！每个设计师月工资都开5000块钱，人家干了10个项目，您干了3个项目，这对同事有失公平，对老板也不公平。最让人头疼的是，往往任务交代下去了，到期后什么东西也拿不出来。老板可看不见艾林达苦思冥想、废寝忘食的样子，他看见的是你又什么都没干，工资白发给你了。

以前，张广林以为艾林达是头脑短路，真的想不出方案来了。可现在，他似乎明白了，艾林达不是想不出方案来，只是因为她是个典型的完美主义者。不管大广告还是小广告，她都要追求完美，一点儿瑕疵都不能有。她对自己要求太高，总希望自己能把每个设计方案都做到最好，出来的作品能超过公司其他所有设计师的作品。就算任务十分紧急，她也要深思熟虑，决不会接到任务后就匆匆忙忙地开始设计。在设计过程中，各种小细节她都要处理得尽善尽美，否则，她的作品绝对不会"出炉"。就这样，眼看 deadline 就要到了，她却根本不可能按时完成任务，这时的她要么沮丧、要么狂躁。

张广林不一样，他对自己的要求没那么高，时间紧了就好歹先做个东西糊弄一下，你说不行我再改。这要换成艾林达，交上去的东西被退回来，她会觉得比死还难受。所以，她宁肯多费一些时间，也必须一次做好。而结果呢，大家都已经知道了，不用我再说了。

对此，有心理学家分析：完美主义者特别在意别人的评价和反应，强烈地期望社会的认同，强烈地抵触消极的评价。为了不遭人非议，他们会对自己十分苛刻，要求自己必须把每件事情都做得漂亮、无可挑剔。所以，他们的压力也比常人更大。背负着重压来做事，内心肯定像热锅上的蚂蚁，焦急难受。为了缓解这种压力，他们就可能会选择逃避，其表现就是拖延。

完美主义者拖延的时候，他们身边那些正常的人却表现得极为从容，人家或许只追求八分美，自己觉得基本满意就 OK 了。而后，完美主义者眼睁睁地看着别人潇洒完工、吃喝玩乐、享受生活，可自己距离目标还十分遥远的时候，心里就会感到烦躁，这种状态持续得越久，力不从心的感觉就会越强，渐渐地，整个人就会陷入绝望中。

张广林从未想过自己会跟完美主义有什么瓜葛。可是，接下来他又傻眼了。网上有篇名为《大龄青年择偶要扔掉完美主义》的帖子，里面提到，30岁的单身女性找不到对象的普遍原因是：她们大都有了较为满意的事业和物质基础，也曾经历过轰轰烈烈的爱情，但因为性格、价值观、事业认同上的原因，最终却没能开花结果。因此，她们觉得，爱情不可把握，努力工作却能带来成就感。与其花费大量的时间经营一份无望的爱情，还不如安心地"嫁给"事业。

张广林是个纯爷们儿，他不太了解女人的心思，因此，也不知道说得对不对。对帖子里提到的单身男性找不到对象的原因，诸如"为了学业和事业，没时间谈恋爱""现在没什么物质基础，没有做好充分的准备"等却感同身受，张广林一拍大腿："这不就是说我吗？"顿时，他觉得自己挺可怜的，心想："我容易吗？我也不想单身，可我买不起房子，买不起车子，做了几年的策划也没搞出什么名堂来，谁愿意嫁给我啊？"

幸好，发帖的好心人用《圣经》里的话，结合自己的感悟，给了张广林这类人一点儿安慰。

只要你寻找，我就指引；你叩门，我就给你开门。爱情也是这样，只要你寻找，就一定有答案；只要你叩门，幸福就会到来。怕的是，你在寻找幸福的路上，因为自卑、完美主义、绝对糟糕的心态，自己打了退堂鼓，半途而废。

在追求爱情的路上，你必须忘了这样那样的托词，告诉自己：我是可爱的，我是渴望找到幸福的，相信自己要找的那个人一定存在。你可以把理想中的他的模样画出来，写下最让你倾心的那些品质，克服完美主义心理，对一些不重要的东西不深究。然后，多参加社交活动，克服等待和拖延，保持主动，爱情之门就会为你打开。

说得多好啊！张广林也希望这是真的，回想过去相亲的经历，他好像还真是有那么一点吹毛求疵。人家姑娘戴个眼镜，自己就不乐意了，生怕影响下一代；人家姑娘头发短了，又觉得不够温柔；人家学历高了，又怕自己遭嫌弃，找不到共同语言……挑着挑着，就奔三了。

张广林叹了一口气，暗暗想："要说工作一事无成也就罢了，要是因为挑三拣四，一辈子找不到对象，孤独终老，那可就'坑爹'了……"

不去承担失败的恶果

很多时候，人都有一种奇怪的心理：宁可被他人认为是没有下足够的气力，也不愿意被人说成没有足够的能力。

周末一大早，张广林睡得正香，一阵刺耳的电话铃声响起。迷迷糊糊中，只听见老妈在那儿念叨："这孩子怎么回事呀？病得很严重吗？你别着急，我们今天过去看看……"

下午，老妈开车带着张广林去了姨妈家。姨妈急得像热锅上的蚂蚁，嘴巴像机关枪一样"嗒嗒嗒"地说："不知道谁惹着她了，整天发脾气，要么就嚷嚷这疼那疼。给我吓得够呛，带她去医院检查，什么毛病也没有，医生说可能是精神压力太大，让她放松一点儿。"

"唉，孩子也不容易。去年为了考雅思，瘦了10多斤，皮包骨似的。结果，分数还不够，她也挺难受的。今年马上又该考了，她心里该有多大的压力啊！"

老妈倒是谁也不得罪，给姨妈宽心，又帮表妹说情。

"可她好些天都没去新东方上课了，落下了不少课。她非得说自己身体不好，不能拿命开玩笑，现在最要紧的就是休养，等身体好了再想其他的事。"姨妈气急败坏地说，"我告诉她，你要是不打算考雅思，不打算去留学了，那也好办，干脆把书本全都扔一边去，投简历找工作，我还省心了呢！也用不着给你花那么多学费。不过你也想好了，选择了就没有后悔的余地了。"

张广林问："她今天不是去上课了吗？"

"是呀，她一听说让她出去找工作，听说没后悔的余地了，也就老实了。虽然满脸不高兴，还是先上课去了，准备拼了她那条小命再考一次雅思。"

说这番话的时候，姨妈的脸上开始阴转晴。

张广林没多说什么，可对于表妹的那点心思，他也能猜出个大概。想当年自己在高考之前，也幻想着生一场重病，或者是有什么意外情况出现，这样的话，就算自己考不好，也可以心安理得地给自己找到开脱的理由——因为身体不舒服，因为情绪不稳定。这种自我设置的障碍，在拖延过程中起到了关键性的作用。按照推理，若真发生那样的事，他就可以名正言顺地不学习，结果肯定是高考失利。可就算失利了，别人也不会怪他，反倒会同情他，认为都是外界因素导致的，而自己就能逃避责难，不用为失败负责，从而在心理上得到点自欺欺人的安慰。

这些话，他没敢跟姨妈说，怕她们会说"现在的孩子怎么这样啊？没有担当、没有责任心、不求上进"诸如此类的话，这种话他听得太多了。这事他只能私底下跟表妹聊聊，还得是在网上聊，给人家留点自尊，旁敲侧击地提醒一下就行了。

他默默感慨道："这年头，有拖延症的人还真不少。想想过去的自己，再想想表妹，无非都是害怕失败。至于表妹，她可能比自己更害怕，因为去年考雅思已经失败过一次了，这回要是再失败，真是不知道该怎么面对了。明眼人都看得出来，姨妈那架势，就是指望着闺女替自己完成留学梦呢！她省吃俭用，早早地就给表妹存足了留学的钱，要是表妹再考不上，估计姨妈非得气疯不可。在父母的期望、自己的焦虑这双重压力的摧残下，可怜的表妹定是招架不住了。所以，她就干脆拖延着，不再做任何努力。"

当然，这些因果逻辑不是张广林创造的，而是他苦心学习"战拖"之后总结出来的。

1983 年，美国加利福尼亚州的两位临床心理学家简·博克和莱诺拉·尤思博士研究后得出结论：害怕失败是拖延的原因之一。时隔二十几年之后，也就是 2007 年，结合过去多年对拖延症的研究，皮埃·斯蒂尔博士又发现：害怕失败跟拖延有一定的关联，害怕失败会让一些人拖延，不想行动；同时，也会让一些人积极采取行动，不拖延。

至于恐惧在拖延症中所起到的作用，2009 年卡尔顿大学的提摩西·A.派切尔教授带领两位研究生通过研究并证明：导致拖延症的恐惧是多方面的，有人是因为缺乏信心而拖延；有人是害怕表现不好丢脸、伤自尊而拖延；还有人则是害怕自己失败了，会让自己最在意的人失望，所以才拖延。他们还证明，如果一个人的需求得到了满足，那么因为害怕而导致的拖延症是可以消除的。

按照这些心理学权威人士的说法，张广林推断：表妹的拖延就是上述几种原因的综合体。如果她对自己有点儿信心，如果姨妈不总是强调在她身上付出了多大的心血，她也许就不会那么害怕了，反倒能从容自如地该干吗就干吗。此刻，张广林脑子里冒出了个想法：是不是该送姨妈一本心理学方面的书啊？她也忒不懂人心了！

心理学家们挺细心，为了让更多的人进行自我诊断，还给出了几条"畏惧失败型拖延"的主要症状。

相信宿命。认定一切结果都是冥冥之中注定的，谁也改变不了。

否定自己。曾经遭遇过失败，认为自己没有能力应对任何变化。

习惯无助。感觉人生和时间不受自己控制，都掌控在他人手里。

怎么解决这些麻烦？张广林是看出来了，问题不在于事情多难、压力多大，而在于——做人哪，你得信自己，你更得信"你命在你不在天"！有了这股子劲，也就没时间琢磨怎么拖延了。

拖延带来的劣质快感

有压力才有动力，这句话成就了不少人，也坑了不少人。

张广林就是可怜的"被坑者"之一。不管做什么事，他都习惯等到最后一刻才行动，工作这几年，熬夜加班简直就是家常便饭。不过，他倒没觉得这有什么不好，他还曾经跟朋友调侃说："其实吧，加班干活挺刺激的，想起第二天早上就得把东西交给头儿，干活根本不会走神，效率特别高。平常的散漫劲也没了，真有变身成功人士的感觉。"

特拉华州大学的心理学家 M.朱克曼为张广林这样热衷于和时间赛跑的人创造了一个词语：寻求刺激。意思是，这类人需要肾上腺素迅速上升带来的刺激感，宣称有压力才有动力，在高压下做事，才能获得这种刺激感。事实又如何呢？他们在有限的时间里，往往根本没办法很好地完成任务。

的确，张广林每次都信誓旦旦地说："没问题，肯定能做好。"可结果往往是，到了最后，发现很多想处理的问题都根本来不及处理了。就像上次做的那份策划案，分明就是老板在后面催着，自己在前面跑着，一路慌慌张张，犯了一大堆错误，方案根本就不如人意。

对这样的现象，朱克曼教授又解释说："你一次又一次地推迟完成工作计划，直到越来越接近 deadline，你错误地认为，这是最好的完成任务的方法。此时，你所经历的任何一种情感上的满足，并不是你继续拖延的动机所在。相反，你所体验的'刺激感'是在时间所剩不多的情况下，匆忙赶工产生的一种焦虑感，这种情感是拖延产生的结果，而非原因。"

换句话说，像张广林这种对工作非要等到火烧眉毛了才挑灯夜战的情况，实际上就是在寻求刺激，盼着最后几分钟忙碌带来的劣质快感。因为他总会想起过往的经历：每次他在最后一刻采取行动时，都是一副满血复活的样子，激情也被点燃了，甚至在压力下还想出了不少新颖、独特的好主意。而后，他就认定自己一定要到了这样紧迫的份儿上，才能把内在的潜力给逼出来。

其实，这不过是一厢情愿的想法。

德保尔大学著名的心理学教授、美国心理学会拖延症的主要研究者——约瑟夫·费拉里在著作《万恶的拖延症》中，讲述过这样一件事情。

伦敦某家主流报社，通常要求记者们周一上报自己的选题，周二则召集 12 个部门的编辑召开会议，选出这一周最为满意的主题。这 12 个部门彼此之间是竞争对手，在会议上，编辑们像疯了一样毫无理智地抨击别人的构想，不是说构思老套，就是说想法愚蠢，似乎只有自己的构想最靠谱。

报社一位名叫约翰的记者告诉费拉里，这样的争吵每周都会发生，而且一直要拖到周五才能选定出哪个构思最合适。一般来说，周一交上来的 50 篇初稿中，大概只有 9 篇稿子能胜出。然后，这些记者为了能够赶上周日的出版，就得在有限的时间里拼命地赶稿。时间如此紧迫，他们根本就没有任何修改稿件的工夫。刊载出来的东西，质量就可想而知了。

费拉里还说，他经常听到一些学生念叨"有一篇论文或是研究项目第二天就要交了"。他对此给出的解释是："有哪个导师会让学生们在一两天之内完成一篇优秀的专业论文，或是一个研究项目呢？真相是，这些学生大多都有拖延的习惯，他们以为在有限的时间里，自己能够做得更好。"

看来，寻求劣质刺激的不只是张广林，也不只是我们身边的"他和她"。拖延，从来不分国度，不分领域。可不管是谁，不管是怎么个拖延法，要承受的代价却是一样的。

不改掉拖延的坏毛病，回归正常人的生活，就只能继续在拖延里挣扎，在压力和焦虑、熬夜中折磨自己，最后还可能会因为效率低下、做事马虎而落得卷铺盖走人的下场。

学学那些本本分分干活的人吧！不迟到、不早退、不磨洋工，上班时做该做的事，下班回归正常的娱乐生活，虽说看起来不那么扎眼，可总在享受稳稳的幸福。这样做人做事，经过日积月累之后，肯定会有一个质的飞跃。

你有"决策恐惧症"吗

俗话说:"铁打的营盘流水的兵。"张广林所在的公司就是那铁打的营盘,隔三岔五出现的新面孔,就是那流水的兵。张广林再不济,至少也算是个有点定性的小青年,他毕业后就一直在这家公司工作,算算也有五六年了。对现在的大学毕业生来说,谁没跳过几回槽,谁没有换过 N 份工作呀?

这不,公司里最近又来了一个文案策划,很是惹眼。女孩叫罗莉,长得也挺"萝莉",她大学刚毕业,身上没有一点儿职场气息,上班第一天,人家竟然扎着两条小辫就来了。八卦的同事,甭管男的女的,都在 QQ 上偷偷地议论着这个"另类"。

不过,罗莉对工作还算认真负责,老板交代的任务,她都特别上心,对每一项任务她往往都会做出两种或两种以上的方案,拿到老板那里去探讨。说是探讨好像还不太贴切,应该说是"介绍"才对。她把每一种方案的优点、缺点全进行了分析,可就是从来不说自己认为哪种好,就等着老板做决定。

起初,老板没觉得哪儿不对劲,觉得这小姑娘还真不错,挺上进的。可后来,聪明的老板发现了一个问题:明明是交代罗莉做策划案,可自己的工作量却比原来多了。自己要花上近一个小时来听她讲述所有方案,这时间完全够他跟老客户谈笔生意了。罗莉介绍完之后，他也不能闲着，还得把几种方案在脑子里进行对比，以判断哪个更好。

可能是因为罗莉没什么经验，开始老板也没有直接批评她，就是指出了她的这一缺点，希望她能改正。但此后罗莉依然和过去一样，唯一的变化是，她每次都只做两种方案了，然后拿去让老板比较，老板对此十分恼火，批评了罗莉一顿。

张广林在公司里还算有人缘，甭管是新来的还是旧相识，他都能跟对方搞好关系。加上罗莉和张广林做的工作一样，张广林又没什么架子，让她觉得挺可靠的。罗莉挨批之后，自然就跟张广林诉苦。当然，张广林也挺享受这样的过程，他觉得帮助弱小的女生，挺能彰显自己的男子气概。

为了安慰罗莉，张广林团购了两张电影票，提议下班后带她去放松下心情。罗莉同意了。

那阵子，新上映的电影挺多，其中有不少是从国外引进的。面对电影院同时热映的十几部片子，张广林客气地问罗莉："你想看什么？"罗莉的回答是一种冰棍的名字——随便。她说："我看什么都行，你决定吧！"为了不再耽误时间，张广林选了一部马上开演的影片。

看过之后，张广林就后悔了，因为那片子拍得实在不怎么样。这时，罗莉也一改刚刚"随便"的态度，说："看得我都快睡着了，感觉好假啊！之前听你介绍过好多电影，我觉得你选的肯定错不了，没想到这次你大失水准了！"

张广林憨笑着说道："那我刚才让你选，你干吗不选啊？不管好不好看，反正已经看了，就这么着吧！况且，'免费'的电影您就将就将就吧！"

回家的路上，张广林一直回想着刚刚的事，再结合平日里罗莉的种种表现，他发现罗莉似乎从来不会主动拿主意。他做了一个假设：如果今天的电影是罗莉选的，后来发现电影很烂，她会怎么样？她肯定会觉得心里很不舒服，甚至有愧疚感。白白浪费了两张电影票，因为是她做的选择，所以，她觉得要对此负责任。

这么一推测，聪明的张广林就什么都明白了。罗莉每次做两种策划案，还要拿去跟老板探讨，是因为她怕自己贸然交上去一份，老板觉得不好，或者是被客户直接退了回来，她就得承担责任。如果是老板选的，就算客户不认同，那跟她也没多大关系，因为不是她做的决定。拖延着不做决定，把决策权交给别人，责任就被转嫁到别人身上了。

学习，真是锻炼人思维的一剂良方。张广林自从加入了"战拖小组"之后，对拖延的各种心理症结认识颇多。他对罗莉的分析一点儿都没错，心理学家沃尔特·考夫曼早就说过："患有决策恐惧症的人，通常不会自己做决定，而是让别人替自己来决定。这样的话，他们就不用对后果负责了。"

可惜，每个人都会犯错，也会判断失误，这是不可避免的事。因为人生本来就是由各种选择和决定串起来的，人之所以为人，就是因为我们有能力决定自己想要的东西。哪怕是选错了、失败了，那也总比不做决定要好得多；就算是爱过又失去了，那也比从来都没爱过要好得多。

　　生活是一场人人都得参与的比赛，必须要加入，也必须要成为赢家。冒险和博弈，是生命的重要组成部分。做决策是一种挑战，也是必经的过程。可能你会说："我可以晚一点再做决定，我还年轻，不需要冲刺，我可以用大把的时间来学习、投资、结婚、生子等，等我做完了这件或那件事，我再来做这个决定。"

　　别忘了，人生不是无限的，一直拖延着，你真的可能会虚度一生。

　　诚然，对于那些关乎命运的大事，自然需要三思而后行。可是，如果像罗莉那样，连看哪场电影这样的小事都不敢去决定的话，那就真是太可悲了。一个没有担当的勇气、没有明确目标的人，注定会变成懦弱、没有主见的傀儡。因为，你把自己与生俱来的决策能力和权利全都放弃了。

害怕成功？开玩笑吧

如果说，一个人因为害怕失败，所以选择拖延，那么这种情形多数人都能理解。失败了多尴尬、多受伤！若是不做就不会失败了，这样的想法顺理成章。但如果说，一个人因为害怕成功，所以选择拖延，你会不会觉得奇怪，甚至觉得这是一件不合逻辑的事？

可实际上，这种情形的确存在。很多人在潜意识里确实存在着对成功的恐惧，也正是这种恐惧，阻碍了他们的行动，让他们与成功失之交臂。只不过，恐惧成功的理由往往因人而异。

林晓筠，是与张广林共事多年的一位女同事，她性格温和、能力出众，比张广林还早一年来公司，算得上是资深策划了。鉴于她以往的工作表现，公司准备晋升她为策划总监。

按理说，从一个策划熬到了策划总监，这绝对是件可喜可贺的事，可林晓筠却是一副愁眉不展的苦相，总是找借口推托，迟迟不肯就任，甚至还谎称有事，请了3天假。由于多年的同事关系，张广林自然很关心这位同事姐姐，而林晓筠对张广林也比较信任，就如实道出了自己心里的想法：我不想升职，不想加薪，不想要这份成功。至于原因，她说得更清楚。

"太累，压力太大。做个策划就够累了，要是再当个总监，我得比现在做更多的事，还要做得更好才行，这样一来，我就更没有自己的时间和空间了。

"害怕，想保护自己。升职是一件危险的事，很多人盯着这个职位，老板宣布让我做总监，肯定会有人心里不舒服，甚至愤愤不平。我若就任了，那些人肯定会挑衅，想办法制造麻烦，或者孤立我。我本身不是那种强势的人，本来就不太会应付这些事，真的到了那个时候，我只能疲于奔命，所以我不想上任。

"束缚，没有了自由。让我做个策划组长还行，可做了总监就大不一样了。那属于公司的中层领导，不管做什么、做得好坏，都要被好多双眼睛盯着，人前人后都遭议论，就连每天穿什么衣服都不能太随便。我不喜欢那种没有隐私又太束缚的生活，更不愿意被人当成茶余饭后的话题。"

听完林晓筠的解释，张广林觉得确实是这么回事。事物本来就有两面性，人总是"只见贼吃肉，不见贼挨揍"。

成功也不是那么好玩的事，有荣耀就得有牺牲，就看你怎么衡量了。

他问林晓筠："那你打算怎么办呀？"

"还能怎么办？拖着呗！我这几天不想来公司了，我要请几天假。在用人的时候，我给他掉链子，他肯定会觉得我担不起大任，说不定就会另觅他人了。"林晓筠说道。

"拖延症？"张广林最近着了魔，更像得了"职业病"，他脑子里快速地闪过这么一个念头，"升职这么好的事，我求之不得呢，怎么到她那儿就变成了烫手的山芋？"

其实，不只是林晓筠，很多女性都有这样的问题。1968年，美国心理学家 M. 霍纳成功地揭示了女性害怕成功的心理现象。害怕成功，是指个人对其行为获得成功的结果感到恐惧。霍纳在其研究中发现，65％的女性对成功存有恐惧感，而只有 9％的男性对成功感到恐惧。这就是说，女性"逃避成功"的概率要比男性高出许多。后来，有研究者得出一个公式：成就动机＝追求成功的动机－害怕失败的动机－逃避成功的动机。

在追求成功的动机方面，男性和女性差不多，可是由于女性逃避成功的动机远高于男性，这就导致她们的成就动机比男性要低。至于原因，就跟林晓筠说的差不多。如果太成功了，会不会在两性关系里遇到麻烦？多数女人在潜意识里都认为，优秀的、强势的、成功的女性，不如那些温柔贤惠的小女人幸福，因为她的强大会给男人造成压力，除非她身边的那个男人比她更强大。如果太成功了，会不会更无暇顾及家庭？面对这些未知的、高昂的代价，她们觉得还是保持现状最安全，所以就想办法拖延，不让自己成功。

这样的事，并不只是存在于事业方面。再举个简单的例子：有些人体重超标，迫切需要减肥，他们知道用什么样的方式能够成功地帮自己减掉肥肉，也知道减肥成功后的自己会变得更健康、更漂亮、更有自信。可他们就是不肯行动，依旧保持着原有的生活习惯。之所以会这样，也跟恐惧事业上的成功一样。因为减肥意味着要辛苦地付出：不能贪嘴，不能偷懒，要汗流浃背地运动，还得放弃很多喜欢的东西……这些代价，让他们恐惧减肥、恐惧成功。

想过没有？如果一个人总是畏惧成功，那么他就会被禁锢在拖延的牢笼中。事实上，他们所畏惧的那些东西，也未必真的会发生，就算发生了，也未必真有那么可怕。有句话说得好："比恐惧更可怕的是恐惧本身。"

把成功的好处和坏处全都列出来，然后做一个对比，你会很容易发现，你之前的那些担心和害怕是很无聊的，你既然知道了它们的存在，又怎会任由它们来肆虐呢？事实上，你完全可以做得很好，你也具备那样的能力，只是首先你得相信这一点，然后勇敢地迈出第一步。

内心太过于依赖他人

《谁动了我的奶酪》中有一段精彩的文字："我们每个人的内心都有自己想要的'奶酪'，我们追寻它，想要得到它，因为我们相信，它会带给我们幸福和快乐。而一旦我们得到了自己梦寐以求的奶酪，又常常会对它产生依赖心理，甚至让它成为我们的附庸；这时如果我们忽然失去了它，或者它被人拿走了，我们将会因此而受到极大的伤害。"

这本畅销书张广林很早以前就买来放在书架上了，却迟迟未翻开来看。他总觉得，自己有忙不完的工作，希望赶到某个周末或是假期来读。结果，这一放就是 3 年。他发现，不只是自己这样，身边很多朋友、同事，包括网友，也都有类似的毛病。说白了，大家都是拖延症的"病友"。

当他终于意识到了拖延给自己带来的种种麻烦和恶果时，他开始醒悟。"战拖小组"里有人发起了一个读书计划：一个月至少读一本书，坚持一年。借着这个机会，张广林才把《谁动了我的奶酪》从书架上取下来。当然，选择这本书的原因还有一个，那就是它字数少，更容易读完。

其实，张广林这一次的选择是很明智的。他在读这本书的时候，不止一次地想到了自己。书中是这样讲的：在面对变化时，两个老鼠比两个小矮人做得要好，它们总把事情简单化，专注于行动；两个小矮人不同，他们有着复杂的脑筋和人类的情感，喜欢把事情变得复杂化，会抱怨、幻想、拖延，明明知道事情的真相，却不肯面对，不肯做出改变，总是希望事情自己会发生转机，或者是他人帮助自己来扭转局面。

这样的经历，张广林也曾有过，每每想起，他心里至今仍有遗憾。那还是刚刚进入大学的时候，学校号召大一新生参军入伍。张广林内心很敬畏那身笔挺的军装，他也曾无数次憧憬自己穿着迷彩服挥汗如雨的英姿，但又有些迟疑。

从小到大，张广林都依靠能干的老妈帮他安排学习计划、选择学校、报考专业，对这些事他根本就没操过什么心。乖乖地上学、考试，大学之前都走读，大学之后虽然住校，可也在本市，离家不太远，每到周末就乖乖地背着一堆臭袜子回去。现在，对于应征入伍这件事，张广林不知道自己去了部队之后的生活会怎么样，于是，他习惯性地给老妈打电话，可这回老妈没给他任何建议，只是说："你也成年了，该自己拿主意了。"自己拿主意？张广林慌了神，长这么大还从来没有自己拿过主意呢，何况是这么大的事。他犹犹豫豫，迟迟不敢做出决断，就一直拖着。最后，征兵体检时间过了，他还是没有做出决定。

事情已经过去了10年，如今回忆起来，张广林才知道，原来从那时候起自己就已经有了拖延的苗头，只是自己不知道而已。而且，类似的事情，在他刚参加工作的时候也发生过。

一个初出茅庐、愣头青似的小伙子，满脑子都只是那些书本上的知识，充其量还知道一点儿中外文学作品。在毫无准备的情况下，纵身一跃进入了时尚的广告界。从慢悠悠的象牙塔生活，瞬间变成了早出晚归的超忙上班族，他确实有点不习惯，也不适应。

刚上班没几天，他就有点儿烦了。自己什么也不会，自尊心又强，待在办公室里像是要窒息一样。有时候，策划组长交代的任务，他拖着就不做，其实他不是不想做，只是想让自己陷入一种被动的状态里，期盼着有人关心他，出手"解救"他。

事实证明，这招还是挺灵的。一个刚毕业的小伙子，挺招人待见的，工作上遇到点困难，对你大哥大姐地叫着，你愿意看着他"受死"吗？于是，当别人的同情心涌上来之后，就帮着张广林做本应该由他做的工作，这正是张广林最盼望发生的事。

幸好，那样的事已经永远成了过去。多年的工作经验，已经锻炼出了张广林独立工作的能力。只是，发生过的事不可能完全被抹去，所以在读到《谁动了我的奶酪》时，他还是不由自主地回忆、自省了一番。他觉得，自己跟故事里的两个小矮人哼哼、唧唧没什么区别，害怕改变，总想停留在原地，因为这样多少能让自己感到安全和舒适。一旦离开了心理舒适区，自己就会不知所措，就会想办法拖延着改变的行动，以此来调节内心的不安。

张广林不知道现在的自己是否还残留着那种对改变的恐惧，但是，过往的经验已经提醒了他，逃避和拖延不是解决问题的办法，只会酿造更多的遗憾，让自己裹足不前。而今，他立志要跟拖延打一场持久战，所以无论答案是什么，他都要改变了，这是战胜拖延、改变人生唯一且最好的选择。

只有普通人才会拖延吗

拖延不只是普通人的毛病，伟人也同样会沾染这个陋习，就像我们前面说到的达·芬奇，那绝对称得上是一个"拖延狂人"。其实，这也不是什么新鲜事，拖延与注意力涣散的人自古就有，拖延的名人也不胜枚举。这里就闲聊一下著名的拖延症患者，看看拖延症是如何"坑害"他们的！

NO.1 圣·奥古斯丁

生于公元 354 年的圣·奥古斯丁，是著名的神学家和哲学家。他年轻的时候，一方面陷入肉体的情欲中，另一方面又在寻求思想上的升华。33 岁那年，他皈依了基督教，可他仍然没能彻底与情欲决裂。

他曾经向上帝忏悔："当您向我呈现那些真理时，我知道您是对的；尽管我确信它的神圣，却仍然只能重复那些没有信心的话：立刻、一分钟、给我一小会儿！但是，'立刻'从来都不是指从现在开始，我要的'一小会儿'也被自己无限地拉长……我向您祈求我的贞洁，但却不是现在。"

从这番话里就能看出，圣·奥古斯丁是多么的痛苦和煎熬，如果他能早点跟情欲决裂，不这么拖拖拉拉，也许他早就解脱了。

NO.2 乔治·布林顿·麦克莱伦

他曾是西点军校的优等生，后来成为北方军的著名将领。科班出身的他，因为系统地改造了北方军队的后勤，让他声名大噪，最后被提拔为北方军总司令。他，就是大名鼎鼎的麦克莱伦。

多年来，他坚持一个理念：不打无准备之仗。可恰恰就是这个理念，让他后来屡屡为此所累。最初，他以准备不充分为由拒绝进攻，与总统闹僵了；后来，他因过分谨慎不愿意追击，丧失了胜利的机会。直到1862年的安提坦关键战役，他又犯了犹豫不决的毛病，最后在有利的条件下竟然错失了全歼南方军的机会。战争又因此迁延了3年。

这一切，摧毁了军政界对麦克莱伦的信任，最后他遭到众口交攻，被解除了军职。就连林肯也曾经抱怨说："如果麦克莱伦将军不想好好用自己的军队，我宁愿把他们都借给别人。"

由此可见，严谨和一丝不苟有时未必能应付风云突变，在激烈的变化中坚持所谓的"理想主义"，确实不太合时宜，而且这也是导致拖延的一大重要心理因素。

NO.3 道格拉斯·亚当斯

若问谁是英文世界里的幽默讽刺大师，道格拉斯·亚当斯绝对是个典范。他能够把喜剧和科幻完美地结合起来，《银河顺风车旅行指南》就是最好的说明，仅英文版的销量就超过了1500万册。2001年，这位伟大的作家因心脏病去世了，年仅49岁。

说出来很少有人会相信，这么一位才华横溢的作家，其实非常痛恨写作，他经常在截稿日期来临之际交不出稿子，可谓典型的拖延症患者。他曾调侃地说道："我90％的工作，往往都是在最后10％的期限里完成的，我拖延的借口比我的小说还要精彩。我爱最后期限。我喜欢听截止日期呼啸而过，'嗖'的一下稍纵即逝的声音。"有时，出版商和编辑把他锁在房间里逼他写作，甚至对他怒目而视，直到他提笔。

听起来是不是很夸张？可事实就是如此。他的朋友在提及他的拖延症时说道："道格拉斯把拖延上升到了艺术的境界。如果我不跑到英国，在他的门外扎营，《银河顺风车旅行指南》永远也不会完成。"

很多人很好奇，道格拉斯在拖延的时间里做什么呢？他懒懒地喝着下午茶，或是泡在浴室里，要么就跟婴儿一样在床上躺着，这些都是他拖延的"手段"。

看过这些名人的拖延经历，你是不是略微找到点平衡和欣慰呢？至少它说明，拖延不是一事无成者才得的病。换个角度说，就算患了拖延症，也还是有可能成为伟人的，前提是得努力戒掉它！

第三章

从告别惰性开始

前面已经提到，拖延与懒惰狼狈为奸，要战胜拖延，就得先从心理和行动上克服懒惰。如果懒惰的情绪一直存在，那么，人就始终会处于一种空想的状态，做什么事都会觉得"懒得动"。没有行动、不想行动地耗时间，就是拖延。你，还要任由它继续发展下去吗？战拖，就从抗击惰性开始！

克服懒惰，"战拖"就成功了一半

战拖是一场持久战，需要有耐力，更需要不断地给自己鼓励。张广林就要与跟随了自己二十几年的懒惰陋习挥手告别了，他内心激动不已。每次想到懒惰，想到过去因为懒造成的种种麻烦，他肠子都悔青了。为了让人生在 28 岁这一年能够重新开始，他写下了一份抗击惰性的宣言。

如果克服了惰性，那么人生就已经成功了一半。

懒惰是生活中的捣蛋鬼，有它存在的地方，就有杂乱无章，就有狼藉一片。它无情地抹杀了生命的积极和勤快，让人在无限的拖延中忍受着散漫的日子。

懒惰是工作上的拦路虎，它让人得过且过、混一天算一天；它让人变得没有责任心，没有上进心，让人无休止地懒下去。也许我们能用表面功夫欺骗一下别人，可懒惰对自己的伤害谁也替代不了。

懒惰是人际关系的破坏狂，明明是自己犯下的错误，却总要别人一起来承担责任。这是一个讲求效率的时代，你用懒惰拖累成功的脚步，可别人却在奔跑着向目标前进。时间久了，当你的懒惰成了别人的绊脚石，谁还会愿意与你同行？

懒惰是感情里的一根刺，在爱情和婚姻中的两个人，本该互相体谅、互相扶持、互相关照，如果其中一个人总是犯懒，把所有的家务、所有的压力都推给对方，再深厚的爱也会因此被压垮，再乐意付出的人也会心寒，因为付出总需要得到一点回报、一点宽慰，才会有动力坚持下去。记得曾看过这样一篇寓言故事：有只青蛙在路边悠闲地闭目养神，突然听见有人叫道："老兄，老兄……"

它懒洋洋地睁开眼，发现是田里的青蛙手舞足蹈地叫着它："你在这里睡觉太危险了，搬过来跟我住吧！我这里很凉快的。"

田里的青蛙继续热情地劝说道："在我这里，每天都有虫吃，还很安全。"

路边的青蛙听得有点不耐烦，它很讨厌别人对自己的生活指指点点，于是它便回答说："我已经习惯了，懒得搬了。为什么得搬到田地里去呢？路边一样有虫吃。"

田里的青蛙摇了摇头，无可奈何地走了。几天以后，它又跑到路边，去探望那只青蛙，结果却发现，路边的青蛙已经被车轧死了。

其实，命运就掌握在自己手里。任由自己懒惰下去，就难逃厄运；选择了勤劳，就可以得到稳稳的幸福。生活中的很多灾难，不是别人酿造的，也不是上天刻意为之，而是自身的惰性导致的——懒得做任何改变，只想保持现在的样子，就算是举手之劳都拖着不去做。你总是懒得去做，最后命运也懒得来眷顾你，懒惰的人迟早要为此付出代价。

张广林不想死于懒惰，不想让懒惰扼杀自己的梦想、激情和原本应该拥有的幸福。所以，他下定决心：跟懒惰死磕到底！

远离那些懒散的伙伴

拖延症之所以可怕，是因为它跟瘟疫、病毒一样，会从一个人蔓延到一群人身上。

上大学时，张广林同宿舍有 4 个人。突然离开紧张的高中生活，进入天堂般的自由世界，他们个个都像撒欢儿的小狗一样，美滋滋的。

就拿起床的事来说，张广林本来还保持着 6 点半起床的习惯，可这样的日子在进入大学后也就持续了不到两个礼拜。每天睁开眼，他看见周围的哥们儿睡得跟死猪一样，流着口水，打着呼噜，整个楼道里都很安静。于是，他也开始赖在床上不起，睡醒了就躺着听歌、看书、玩游戏。培养个好习惯不容易，染上个坏习惯那真是轻而易举。自那以后，张广林就有了赖床的坏毛病。甭管这一天有多大的事，不到最后一刻，他就是拖着不起床。

宿舍的老二，本来是个斯文、干净的男孩，虽然贪睡，可早晨起来还是会叠叠被子、收拾收拾，衣服也是经常换洗。但男生宿舍是个什么地方？是个足以改变人一生的地方。他一个人收拾，架不住 3 个人在屋里"造"。看着张广林和其他两位室友的杰作——不叠被子，衣服皱巴巴的，柜子里乱成一团，桌子上堆着装有残羹冷炙的饭盒（有的还长毛了）。偶尔，从外面喝酒回来，躺到床上就睡，洗脸、洗脚、洗澡，早就忘得一干二净了。

半个学期之后，爱干净的老二，也在不知不觉中加入了这个懒惰的队伍。无疑，他是被"传染"的。

工作之后，张广林见识的拖延传染案例就更多了。刚到公司时，可能是因为胆小，他还是老老实实的，上班时间规规矩矩地做事，不敢闲聊混日子。那时，他根本不敢挂 QQ，就算挂上 QQ 也很小心，生怕被别人看见。可后来他发现，自己实在太"二"了，人家同事都挂着 QQ，还聊得不亦乐乎。于是乎，他一口气把自己的两个 QQ、一个 MSN 全都挂上了，在工作之前、工作之余也开始闲聊。

时间久了，他又发现了一些"秘密"：在自己埋头干活的时候，总有个别同事跑出去喝咖啡，接打私人电话，或趁老板不在的时候趴在桌子上睡觉。这些作风，给张广林留下了深刻的印象，也为他日后的拖延症"奠定了坚实的基础"。

现在回想起来，他挺后悔的："当初为什么要学他们呢？看着是清闲了，可事情还是那么多，早晚是自己的事，拖到最后还得干！"要戒除懒惰，防止拖延症复发，就得阻绝这些可怕的"传染源"。张广林在这方面，总结出了 5 条经验。

1. 不去关注那些偷懒的人

罗宾斯曾说："我们会花更多的时间去关注那些偷懒的同事，而不是专心于自己的工作。"

工作时，不管周围的人是在聊天、刷微博、打电话、吃东西、打瞌睡，都要装作看不见。千万不要觉得别人都在消遣，只有自己在工作，这样的想法会干扰内心的平静，让自己变得浮躁。要学会鼓励自己，在心里默念："做好自己该做的事，为的是不加班、不让自己后悔。"当你能够成功地不受他人影响时，你就会多一分成就感，这种成就感也会促使你日后更加专注地做事。

2. 不为懒人的行为去生气

在团队合作时，难免会遇到个别懒人。这时，不能跟他们斤斤计较，生气指责，或者是干脆来一个效仿。

别忘了，你不是一个人在战斗，你身边还有战友！如果你效仿懒人，工作效率必然会下降，看似在报复那个懒人，其实你是在给自己树敌，会让其他合作者产生不满。想想看，当一个团队里全是懒人和满腹牢骚的人，结果能好得了吗？

3. 不被懒人的言行诱惑

懒惰的人，在做事时经常分神，去几趟厕所、眯一会儿、吃个午饭，一晃就混过了半天。他们还可能会因为闲得无聊，找旁人聊天。如果他找到你，对你说与工作无关的事，你要坚决不受诱惑，你可以告诉他们："我现在有点事，回头再聊。"

千万不要因为看到他们偷懒而没受到处罚，也加入到懒惰的队伍中，你心里该明白：拖延症总是要到最后的时刻，才会显示出它的折磨力。

4. 不要让懒人妨碍自己成功

懒人有个坏习惯，自己做不完的事，就让别人来帮忙。如果碰巧，你在团队合作时遇到了懒人，一定要做好分工，而且要让其他人都知道懒人负责哪一个环节。这样的话，他就很难将工作推给其他人，如果他真的因为拖延而未做好，其他人都是有目共睹的，那么老板自然也会知道罪魁是谁。如此一来，就不会牵连其他无辜的人了。

5. 不打懒人的小报告

依旧是上面的问题，对待懒人"磨洋工"的行径，如果你直接到老板那里去告状，你会显得像个马屁精。当然，这并不表示你一定要忍气吞声。如果老板明确提出要你评价某个同事，那你不妨实话实说；如果你只想让老板利用权威提醒一下某位懒人，那你不妨这样说："我现在手里的这个项目没有办法取得进展，是因为在等某某完成手头上的工作，我们一直在等。"

如此，老板就知道问题出在哪儿了，也不会觉得你是个搬弄是非的小人。

可以说，几乎每个人在工作和生活中都会遇到懒惰、爱拖延的人，张广林总结的这几个方法，经过一段时间的实践，证实还是有效的。所以，在和懒人对决的时候，不妨试试这些技巧，既不伤人，又能防止自己被"传染"。

多做点事，其实不吃亏

莎士比亚曾说："我们宁愿重用一个活跃的侏儒，也不要一个贪睡的巨人。"

戴尔公司曾经因为一批电脑有问题，下发了紧急召回通知。为了迅速地把这些电脑转入库房，公司号召全体员工帮助运输部门。除了财务部的一名同事外，所有人都积极地参加了电脑的搬运。有人问他为什么不去？他说："我来公司是做财务工作的，不是来当搬运工的。"

就是那么巧，这句话被从他身边经过的一位高管听到了。当时，高管就意味深长地对那位财务部的同事说："看来，我们公司没有让你充分施展才能。"第二天，那位员工就收到了公司的解聘通知。

的确，世上没有哪家公司、哪个老板能够容忍懒惰的员工；也没有哪个懒惰的员工，靠着偷奸耍滑、投机取巧在职场上平步青云。

过去，张广林并不明白这个道理，很长一段时间里，他就是认为"工作是为了老板""做好分内事就行了"。所以，工作的这几年，他的进步非常小，没有得到大的晋升，也没有年年加薪。其实，不是他没有能力，而是他懒。每次同事把一些原本不属于他的工作交给他时，或者老板在他忙得不可开交时又下达任务给他，他虽然嘴上接受了，可心里始终在逃避、在抱怨，甚至找借口拖着不做。他总觉得，工资是死的，多干活就是吃亏。

可是现在，他终于明白了："要在关键时刻脱颖而出，就得平时比别人多走几步路。"换一种角度来看，多做一些分外的事，也是展现自己的机会，还能促进和同事之间的关系，如果再把事情做得很漂亮，还可以博得老板的欢心。

如果问是谁让张广林开了窍，那还得谢谢公司里的那位行政助理迈捷。噢，对，她现在已经成为行政部的主管了，前两天才被提升的。

和大多数秘书、助理一样，迈捷每天的工作很琐碎，无非是整理资料、打印材料、添置办公设备、记录考勤等。很多人都觉得，这样的工作挺枯燥的，做起来也没什么意思。可迈捷却挺踏实，每天忙得不亦乐乎。有一次，她跟张广林神神秘秘地念叨："检查工作完成得好不好，并不在于你做得是否尽善尽美，而是你能否发现别人没有发现的问题、方法和其他东西。"说完，她还诡秘一笑。张广林摇摇头，觉得这姑娘挺有意思的。

迈捷在公司做助理大概两年了，做事很仔细，极少出差错。她每天快速地做完自己的事后，便开始搜集一些资料，包括公司过去的资料以及一些经营、销售方面的书籍，然后她对这些资料进行整理和分析，并针对公司经营中的问题写出自己的建议。几乎每个月，她都会给总裁上交一两篇这样的报告。

总裁看过她的报告之后，挺吃惊的。从来没有人要求她做这些事，可她却有这么缜密的心思，把问题分析得头头是道、细致入微。张广林换位思考了一下，如果自己是总裁，看到助理这么为公司着想，这么主动地做事，心里能不欣慰吗？总裁觉得，迈捷这样的员工确实是不可多得的人才，每一篇分析报告中她所提到的问题都十分尖锐，很多做管理的"二把刀"也未必有这个水平。之后，总裁采纳了许多迈捷提出的建议。

迈捷还是个挺热心的姑娘。有一次，张广林的新方案缺少一部分产品资料，因为那种产品是新上市的，类似的文案非常少。下班之后，迈捷看见张广林还在加班，就主动提出帮忙。那天晚上，迈捷和他一起一直加班到晚上9点，帮了张广林的大忙。这样的同事，张广林以前还真没遇见过，他一直认为：你的工作完不成是你的事，你有困难自己解决，别人才懒得问。可这次，他确实挺感动的，他觉得迈捷很真诚，如果她做了主管，也肯定能够协调好上下级关系。

果然，他的预测在一个月后就成真了，迈捷被总裁提升为行政部主管。从前碰到这样的情形，肯定是有人欢喜有人愁，可迈捷升职这件事，似乎没什么人面露不悦。张广林觉得，这不是偶然，是迈捷自己赢来的。

不懒惰、不偷巧、不拖延、不抱怨，张广林被迈捷的这些职业素质打动了，他觉得自己找到了一个学习的目标。反省过去，自己实在太不应该，也错过了太多提升自我和展示自我的机会。事实上，多为公司做点事，根本算不上吃亏。对于个人而言，这更像是一个表演的舞台，给了自己发挥才能的空间，可以提高自己在同事、老板心中的好感度，并发掘出自己更具竞争力、更具优势的地方。

　　张广林知道，要做到这一点并不容易。做分外事的前提，是要保证完成分内的事，这就得保证不懒惰、不拖延；做分外之事时，还要有一个博大的胸襟，不斤斤计较，甘愿比别人多付出。虽然他现在距离这样的境界还有一段路，可他相信：每天多做一点点，早晚能达到。工作中的傻子，永远比睡在床上的聪明人要强得多。

放下三分钟热度，多点专注力

有些人，来到你的生命中，只是为了给你上一课，然后转身离开。

张广林就曾经遇到过这样一位良师益友，那是一位很有气场、很有亲和力的中年男人，是老妈相识多年的同学，在德国一家公司做技术主管。那次正好赶上他回国探亲，张广林有幸和他见了一面。张广林到现在都还记得那位伯父谈笑风生的模样。张广林内心觉得，做男人做到他那份儿上，算是挺成功的了。临别之际，他对张广林说了一句话："孩子，你要记住，无志者常立志，有志者立长志。"

那时，张广林还不到 20 岁，对那位伯父的话，他也只当是长辈说的一句教育和鼓励的话，根本没放在心里。10 年的时间，一转眼过去了，张广林现在回想起来，才明白人家说的是什么意思。他想："估计人家也看出来了，我是一个没常性的人，所以才给我提了个醒。"

没常性——这 3 个字形容张广林，确实挺合适。从小到大他有过无数个梦想，可大多都夭折了。

上小学时，每次学校组织打预防针，他就羡慕那些穿白大褂的医生，希望自己有一天也能给人看病。随着年龄的渐长，当医生的想法不知不觉变淡了。其实，这也可以原谅，年少无知的孩子见什么都新奇，但只能保持三分钟的热乎劲，这再正常不过了。

上初中时，他喜欢上了化学，看着那些化学物品发生一系列神奇的反应，再看看那些研究出各种药物、化合物的科学家，他觉得以后搞研究肯定有前途。可是，才过了一年多，这个想法就不复存在了，因为他的兴趣转变了。

上高中时，教英语的老师是留学回来的，经常给他们讲一些自己在外面的所见所闻。她教英文时，并不是一味地为了应试，而是将英语作为一门沟通交流的语言来传授学习经验。张广林爱上了英文，分文理班时他毫不犹豫地放弃了理科，放弃了他过去热爱的化学。那时候，他一心想考外国语学院。

后来，因为分数不够，他阴差阳错地上了师范大学。他也选择了一门语言学科，但不是英文，而是母语中文。不过，他倒一直没放弃英文，开篇时我们就说过，他还曾经满怀热情地背托福单词，希望毕业后能用得上英文。结果呢？不过是说说而已，没背几天，书就压箱底了。直到现在，他也没有把那些书拿起过。

工作之后，三分钟热度的事儿就更多了。今天想学学制图，明天又想学学摄影，准备工作没少做，可没有哪件事做长了。开始时总有股新鲜劲，让他能坚持早起、坚持看书、坚持练习，可3天之后，惰性就开始反抗了，他纵容着自己一点点地偷懒，今天该看的东西拖到明天，明天该做的事拖到周末，最后一了百了。

事到如今，他没有完整地学会一项业余技能，事业上也没得到多大的提升。眼看就30岁的人了，他心里偶尔也觉得挺失落的，内心有着强烈的挫败感。10 年之后，他才算彻底明白那位成功的伯父送给自己的座右铭——有志者立长志，无志者常立志。

"是时候改改自己这三分钟热度的毛病了！"张广林暗暗发誓，他把这个问题作为"立长志"的第一个计划，并告诫自己：不能因为一时兴起就努力，哪天心情不好了就放弃。

可是，该怎么改掉这个陋习呢？其实，不只是张广林困惑，很多人都如此，根本不知道从哪儿下手来整治自己的"三分钟热度"。为了剔除懒惰基因，有人提出了以下 3 种方案。

1. 找到自己真正感兴趣的事，培养专注力

多数人都有过这样的感受：看一场喜欢的电影，读一本喜欢的书，玩一会儿喜欢的游戏，时间就过得特别快。在这个过程中，自己的心很踏实，脑子里没有任何杂念，也从没想过偷懒不看、不玩，或者拖到明天再做，转身干点儿别的事。

这就说明，当人们专注于自己感兴趣的事时，懒惰和拖延往往不会出现。而大多数情况下，我们的工作或者学习的内容并非自己真正的兴趣所在。因为只要提及兴趣，我们想到的就是工作之余的休闲活动，比如摄影、打高尔夫球、写作等，有人可能会问："只是兴趣，干吗要那么严肃地对待？"

其实，专注于兴趣的目的并不是局限在哪件事上，而是要借助这个机会训练自己在工作、学习上的专注力。很多成功人士就专注于兴趣，以此为乐，并且在兴趣上的成就超过了自己的本职工作。最后，他们成功地把兴趣化为工作，体验到了成功的喜悦，也享受

到了生活的美好。

2. 努力完成一个阶段性目标，不求终极的成就

如果我们非要在某项兴趣上取得多大的成就，这样就会让自己背负很大的压力。更现实的做法是，找到你所喜欢的事，然后制定一个阶段性的目标，让自己在一段有限的时间里来完成这个目标。

比如，你喜欢钢琴，又打算自学，那就给自己定个目标——两个月之内，能够顺利地演奏一支简单的曲子。这两个月的时间里，你就专注地做这件事。等到完成了这个目标，再为自己制定更进一步的目标。等你能够熟练地弹钢琴了，你可能发现自己并不想考级或者继续深造，但这时，你已经掌握了一项业余技能，因此，你可以把触角伸向其他领域了。

3. 每次只做一件事就好

在学习一件新事物时，拖延的人往往是率性而为，想起什么就是什么，从来不去细细思量。在做事的过程中，一旦遇到困难，很容易变得懒惰，或者干脆放弃。为了杜绝这样的情况发生，最好的办法就是——让自己一次只做一件事，坚持并专注于这件事。这个方法，深受很多成功人士的追捧。因为它既能保证做事的效率，也不至于让身心太累，还能杜绝"三分钟热度"的出现。

踏实才能换来长久

自从有了微博，张广林的人生就不一样了。

微博，让他比以前更忙了。他忙着刷微博、忙着写评论、忙着攒人气、忙着搜罗自己想关注的人。生活变得更加丰富了，这当然是可喜的变化。如果只有利而没有弊，那就更完美了。可惜，世界上没有那么好的事。

微博，也让他比以前更懒了。一天24小时，这是永远不会变的。上班刷微博、下班写评论、晚上熬夜发私信，得耽误多少事？耽误的事显然得补上。可是，3天的活儿压缩在一天内完成，你会不会犯怵？为了完成任务，就只能在工作上偷懒，这少一笔，那少一画，马马虎虎地交上一个基本能看得过去的方案完事。

他为什么如此热衷于微博？说起来，还是挺有意思的。张广林觉得这是个展示自己的好平台。现在，各大传媒、各个名人，谁没有微博呀？仗着自己有点小文采，他希望自己写的"惊世骇俗"的小说，能够引起出版人的注意，从而一跃变成知名作家。

张广林的脑子里构思了不下10部作品。先是都市言情小说，他写了大概有一两万字，在网上也连载了一段日子。可写着写着，他发现自己编不出来了。很简单，张广林从来没真正谈过恋爱，就是一个爱情白丁，要把一个故事写得漂亮，写得打动人，写得靠谱、逼真，实在太难了。于是，这部作品就夭折了。

后来有一阵子，穿越小说很盛行，张广林也想赶这股风，可不料自己写的东西没什么人看。每天的评论少得可怜，有时甚至一条都没有。这有点儿打击他的信心，他开始怀疑自己："我可能不太适合写这种作品，还是别费力气了。"

再后来，《杜拉拉升职记》问世了，电影、电视轮番轰炸。"对，写职场小说，好歹，咱也是个职场人啊！"想法固然好，可执行起来并不容易。工作上的策划案都做不完，哪儿还有闲工夫更新呀？身兼数职，真不是一般人干得了的。

就这样，张广林的"作家梦"，至今还在酝酿中。

不过，现在他已经知道自己为什么一篇作品都不能完成了，两个字：浮躁。越浮躁，越静不下心；越静不下心，越拖延。结果，就变成了一事无成。针对自己的坏毛病，张广林制订了一个解决方案，目前正在严格执行。

1. 列出所有没完成的事，逐一攻克

以一周为单位，张广林尝试把自己每天想做的事都列出来，这些事基本上都是 3 天之内可以完成的，大小均有。结果，他发现自己要做的事竟然有那么多，完全超出了自己的想象。

紧接着，他开始按部就班地执行。每完成一件事之后，他就把这一项给画掉。等列出的所有事项都完成后，他就把这张纸放到抽屉里。一周之后，他发现了一件奇怪的事：手里至少还有 4 天以上的纸没被放进抽屉。看到有这么多事情要做，心理上自然会产生

紧迫感，也就不敢再偷懒了。

2. 找到那些重复做却没有完成的事

在检查每天应该做但没有完成的事情时，张广林发现了一个奇怪的现象：明明是自己思考之后才列出来的事，怎么现在看来，却一点都不想做了？

为了找到原因，他改进了一下方法：把每天没完成的事，挪到明天要做的事情中，连续一周都这样。一周之后，他发现有一些没完成的事项竟然是重复的。这时候，他问自己："我真的想做，而且必须要做这件事吗？"

如果答案是否定的，认为这件事自己不太想做，也不太值得做，他就干脆放弃了。

如果答案是肯定的，那就说明惰性已经在蠢蠢欲动了，决不能任由它蔓延。

克服惰性是一个漫长的过程，内心势必会有抵触的情绪。所以，每当惰性出现时，张广林就会强迫自己去做一件一直拖延着未完成的事。在做的过程中，他记录下自己的负面情绪，比如"好烦""不想做了"等，待完成之后，他再回顾这些坏情绪时，却发现那些根本就是借口。

每次完成这些不想做的事之后，张广林都会到外面吃一顿，犒劳一下辛苦的自己。同时，也为自己的"战拖"行动继续鼓劲！

时刻提醒自己：别犯懒

人生，很多时候是一场自我与自我的战争。你想做一件什么事，想达成什么样的目的，完全得看自己的思想和行动力；而在执行这些事情的过程中，消极的自我总会不定时地出现，打击你的积极性、扰乱你的心智。谁能够战胜那个消极的自我，谁就是最后的赢家。

在抗击惰性的这场战役里，张广林也在不停地与另一个自己做着抗争。

距离下班还有 1 个钟头的时候，忙碌了一天的他，总会有一种想放松的欲望。他会不自觉地伸伸懒腰，打开微博，或是拉开 QQ 的名单。他没有明确的目的，也不知道自己到底想做什么，一切都只是习惯。放在过去，这些事会贯穿一整天，断断续读地让他走神分心。可现在，他意识到了这是个坏习惯，是身体抵达了一个疲倦期，内心里那个消极、懒惰的自己又开始不安分了。

极力想要抗击惰性的他，及时阻止了自己的一系列行为。他索性关掉 QQ，临近下班了，基本不会有什么人联系自己了，公司有内部电话，工作上的事可以电联；他也关掉了微博的网页，心里默默地告诉自己："别犯懒！现在是工作时间，先做手里的事。等晚上吃过饭再看，那才是娱乐时间。"

佛家有云："一念起，万水千山。一念灭，沧海桑田。"

张广林每次成功战胜那个想开小差的自己后，都会感到很欣慰。他很庆幸，上天赋予了人类自控的能力，这一点是自然界其他生物都难以比拟的。

工作时间如此，生活上也不例外。每个周末，张广林都会跟懒惰的自己打上 N 次架。

闹铃定在早上 7 点钟，比工作日的起床时间晚了半个小时。其实，每天早上张广林 6 点半就醒了，他知道如果这时候让自己起来，可能心理上会有点失衡：周末干吗不让自己多休息会儿呢？也许是太了解自己了，所以他利用半个小时的工夫，给自己找回一点安慰。别说，这半个小时还真的管用。当心里感到平衡了，状态一整天都不错；若是一大早就心生怨气，那势必会耽误更多的事。

他给自己制订了读书计划，每周六都要去图书馆。起初的一两个礼拜，他都坚持得不错，可到了第三周的时候，大概也是因为那礼拜工作有点累，他就有点犯懒了。外加上那天还下着雨，那个喜欢拖延的自己又冒出来了，他在内心念叨："要不，我明天再去吧！今天下雨，路也不好走。"

极力想要抗击惰性的他，又开始拼命地阻止拖延的发生。他默默地收拾东西，在心里告诉自己："别犯懒，明天还有明天的安排。今天若不去，读书计划就落下了，再怎么找补，也难补回一整天的时间。下雨怎么了？在图书馆又淋不着雨，而且下雨人才少呢！"

这样的暗示和提醒，帮张广林成功地战胜过 N 次懒惰和拖延。

他在"战拖小组"总结说："其实，懒惰不可怕，可怕的是懒惰缠身了自己还不知道，知道惰性的存在却不知道它的危害。如果能够随时留意它的出现，就能想出办法克制它。"

除了经常性地自我对战，张广林还会不时地刺激一下自己，让自己保持一颗充满紧迫感的心，以此来警示自己千万别犯懒！

每次走在路上，看到来来往往的高档轿车，他就告诉自己："别犯懒，既然不是富二代，那就得勤快点，否则这辈子连个 QQ都开不起。"

每次看到别人的成功，他也会告诉自己："别犯懒，都是同龄人，人家能做到的，你也能做到。现在，大家看到的都是成功人士风光的一面，但他们背后肯定也吃了不少苦。要成功，就得努力！"

每天临睡之前，他都会想想自己的理想，然后告诉自己："别犯懒，不行动的话，这些想法就永远跟梦一样，摸不着，看不见。"

这样的自我刺激法很奏效，总会让他心底生出一种抵抗惰性的力量。

据说，旧时的蒙古战马，为了抵御蚊子的攻击，常常逆风奔跑，用速度甩掉蚊子的纠缠。其实，懒惰也跟那些蚊子一样，吸取我们生命的精华——血液，但它比蚊子更可恶的是，没有任何的声响，不痛不痒，甚至还会带来快乐的假象，然后耽误你一生。所以，要克服惰性，就得学会经常与消极的自己作战，在试图享受安逸的时候给自己一点积极的刺激。

神奇的 PDCA 循环法

惰性，总是不经意间就溜到人的思想里，如影随形。尽管经常性的刺激可以让人保持一定的警惕，但仅有刺激还不足以完全抵抗惰性。

张广林从"战拖小组"里第一次听说有一种 PDCA 循环法，可以有效地辅助对抗懒惰。起初，他对这个奇怪的东西也是一知半解的，但经过一番解析后，他就恍然大悟了。原来，所谓的 PDCA，其实就是 4 个英文单词的缩写。

"P" ——Plan，计划

要克服懒惰，就必须得有计划地行事。如果面对工作、学习，想到什么做什么，没有系统的计划，结果往往就是"三天打鱼，两天晒网"；遇到一些关键性的任务，也难以有清晰的思路。

当然，计划也有很多种，按照从小到大的顺序，可将计划分为：日计划、周计划、月计划、长期计划。在制订计划的时候，一定得分清事情的轻重缓急，不能眉毛胡子一把抓，而且越简单越好。

计划的目的，是更好地采取行动。所以，在制订计划时，还必须考虑它的可行性。若只是纸上谈兵，不切实际，要求过高，那不仅对抗击惰性没有帮助，还可能会诱发懒惰和拖延。

"D" ——Do，执行

俗话说："万事开头难。"但对于计划的执行，往往是开头很容易，坚持却很难。要保证工作能够有条不紊地进行，就要提高执行力。当然，这不是一朝一夕就能达到的，需要学习执行理念、执行方法，让自己由内到外提高执行力，养成认真做事的习惯。

在执行的过程中，要记得时刻提醒自己，不能犯懒。为了保证计划能够顺利地执行下去，最好就你的计划做一个公众承诺，这样就在无形中给自己制造了一些压力，让惰性无机可乘，同时在执行中也多了一份监督。

"C" ——Check，检查

检查，通常涉及两个方面：其一是自检；其二是被检。

自检，无疑是一种自省，可以不断地发现自身存在的问题，从而解决问题。在自检中，需要时常思考，回顾自己的言行。被检，则是自觉地将自己置身于优秀的监督机制中。比如，你的领导很擅长盯着员工，你的家人是很好的监督者，那他们都能帮你抗击惰性。

"A" ——Action，行动

检查的目的很明确，是为了发现问题、解决问题。因此，在检查之后，就要采取行动。

　　对于检查的结果，好的要奖励，坏的要惩罚。对于成功的经验，要进行标准化，形成可以推广的模式。对于没能完成的工作，要分析原因，然后放到下一个 PDCA 中循环。

　　唯有将上述的这些环节、细节都做好了，才能够真正地远离惰性！

你经常这样问自己吗

惰性，是指因为主观上的原因而无法按照既定目标行动的一种心理状态，它是人类难以改变的落后习性，具有不想改变老做法、老方式的倾向。当惰性心理出现时，人就会出现迟迟不行动、一拖再拖的行为反应。

事实上，每个人身上都存在着惰性，只不过个人的意志力不同，所以最终的表现也不一样。前面我们已经介绍了各种克服惰性的方法，这里还有一些小窍门，即经常在心中问自己一些问题，可以有效地帮助我们戒掉懒惰。

1. 最糟糕的结果是什么？

海伦是一名软件工程师，3年前开始涉足广告行业，并创办了自己的广告公司。最初，他总是忧心忡忡、寝食难安。为了让自己镇定下来，他经常问自己："最坏的结果是什么？"答案是："创业失败，重新做自己的老本行。"这样一想，他便觉得没那么恐怖了。

我们不妨也学学海伦的方法，问自己同样的问题。一个客观而诚实的答案，通常并不像我们想象的那么恐怖和无法接受。

2. 我可以获得什么?

开始一项行动之前，如果感觉有惰意，不妨问问自己：如果实现了这个目标，我可以得到什么？答案也是非常丰富的，有财富、有名誉、有快乐、有感动。用实现目标后的情境来激励自己，往往能帮你赶走惰性，迅速开始行动。

3. 失败是否能让我变得更有价值?

我们要明白，生活的价值并不在于你做了什么，而在于你将成为什么。同时，还要知道，做了什么直接决定能够成为什么。在尝试之后，纵然是失败，你也会因此而成为一个更加勇敢坚强的人。对于生活而言，这才是真正有意义的东西。

4. 如果放弃尝试，我会不会后悔?

很多时候，想起自己没有尽心尝试的那些事，我们往往会觉得很后悔。后悔是非常痛苦的事，所以在你犯懒的时候，不妨问问自己：如果我拖延着不做，错失了机会，是否会有遗憾？想到这些的时候，也许你会变得勤快一点。

5. 如果我成功了，能给别人带来什么好处?

不得不说，这个问题的功效十分显著。通常，我们以为自己的目标只跟自己有关，其实不然。我们的目标与他人也有着重要的关联。比如，你成功地创业了，你的家人会为你感到高兴，他们的生活质量可能会因此得到提高。为他人付出，让他人分享自己的成果，这是一件值得去做的事，想到这些，你可能就不想拖延了。

6. 我要被恐惧打败吗？

如果你决定放弃尝试，那一定要是发自内心的选择，千万不要被恐惧打败。有时，做人需要不断地鼓舞自己，给自己注入正能量，记住：你是为胜利而活的！

7. 此时不做，还要等到何时？

不要一直等待，希望等到万事俱备、天时地利人和时才去行动。其实，这个世界上并不存在什么最佳时机，每一个现在都是最好的时机。哪怕是微不足道的起步，也远远胜于徘徊不前。别忘了，路永远都是走出来的。

第四章

完美主义并不完美

完美主义者，看似在追求最好的结果，实际上却只是让事情变得更糟。他们不仅无法体会到完美带来的喜悦，反而会深陷纠结沼泽无法自拔，甚至还会拖累他人。毕竟，人所能承受的压力是有限的，当压力达到一定程度时，就会出现超限效应，而当超限效应遭遇完美主义，拖延就是唯一的结果了。

解放心智，承认不完美

完美是毒，缺陷是福。完美，不过是一个努力的方向，如果成了终极的追求或是苛求，那完美就会变成毒害心灵的药引，引诱着我们走向烦恼和痛苦的深渊。

深秋，老妈带着张广林到香山舒活筋骨。她总唠叨："现在的年轻人太懒了，每天上班就往办公室一坐，下班就往床上一躺，出门就打车，一点儿路都不愿意走。现在不锻炼，拼命赚钱，到时候就得拿钱换命了。"话有点刺耳，可道理不假。得，张广林跟着老妈出发了。

临近山脚，从车窗望出去就能看到满山的红叶，漂亮极了，就像染上去的一样，没有任何杂质。下车之后，刚刚还语重心长教育张广林的老妈，顿时就不淡定了，硬拉着张广林赶紧往里走，想早点找一些满意的红叶带回去做书签。

她朝着最红的那一片红叶林走过去，想找到一片通体都是红色的、没有任何斑点的红叶。说实话，张广林真有点跟不上老妈的步伐，他在后面调侃道："妈，您上辈子是不是'神行太保'啊？"

老妈根本没搭理他，一直走自己的路，找自己的红叶。她觉得要找一片通体红色的红叶并不是件难事，可找了半天也没有找到符合要求的，只好捡了一片又扔掉，扔掉又去捡，等着遇见最红的红叶。好几次都是，远远看上去特别红火的一片枫叶林，可真走到跟前，却发现叶子根本没那么红。

等到准备回去的时候，路过山脚下的商店，那里面有卖红叶的纪念品，全是红色的。老妈也凑热闹似的过去看了一眼，皱着眉头说："这倒是挺红，可它是塑料的啊！"

店主倒是不避讳，没怪老妈多嘴，半嘲笑地说："真的红叶，你找遍整座山，也找不到这样的。"

回到市区后，老妈跟张广林找了家饭馆吃饭。饭店门口放着一口鱼缸，里面有一些黑色的金鱼，还有一些水草。老妈嘟囔着："你说，这鱼缸里的水草到底是真的还是假的？"

老板说："你看看它有没有瑕疵？如果没有的话，那肯定就是假的。假花假草，总是看起来比真的好看。"

老妈一看，才发现水草碧绿如洗，一点瑕疵都没有，她又嘟囔："跟那商店的枫叶一样，十有八九都是人工造的。"

说完这番话，老妈似乎有点后悔了，对张广林大发感慨："你说，我干吗非得要纯红的叶子呢？之前捡起来的几片，也都挺好看的，关键是看起来多真实啊！可当时就非得要最红的，一直拖着不捡，现在空着两手回来了。"张广林越听越觉得老妈跟苏格拉底的徒弟有点像，就想要最大的麦穗，拖到最后什么都没得到。

张广林想起曾经看过的一个故事。

有一位伟大的雕刻家，才华出众、技艺非凡，但凡出自他手的作品，都令人很难区分哪个是真人，哪个是雕像。然而有一天，占卜先生却告诉雕刻家，他大限将至。雕刻家听后，难过不已，他跟天底下大多数人一样，内心无比惧怕死亡。他苦思冥想，希望能有一个万全之策帮自己逃避死亡。最后，他做了 11 个自己的雕像，当死神降临的时候，他藏在那 11 个雕像之间，屏住了呼吸。

死神无法相信自己的眼睛，他从未见过这样的事，也从未听说过上帝会创造出两个完全一样的人。可眼前的情景该怎么解释呢？12 个一模一样的人到底是怎么回事呢？该带走哪一个呢？

带着困惑，死神来到上帝面前。他问上帝："为什么会有 12 个完全一样的人？您到底做了什么？我该如何做选择？"

上帝微笑着把死神叫到身旁，在他耳边轻声说出了一个方法，一个让他可以在鱼目混珠的状况下找出真相的方法。他告诉死神只要在艺术家藏身的那个房间里说出一个暗号，真相自然就会水落石出。

死神对此半信半疑，但没有更好的方法，他只能一试。他进入放有 12 座雕像的那个房间，向四周看了看，然后说出"暗号"："先生，你做得非常好，一切都近乎完美，只可惜，还是让我看到了一个小小的瑕疵。"

雕刻家一听，完全忘记了自己躲起来的事，跳出来问道："你发现了什么瑕疵？"

死神笑着说："还是让我发现了你，这就是瑕疵——你无法忘记你自己。天堂里都没有完美的东西，更何况人间？别废话了，跟我走吧！"

是啊！天堂里都没有完美的东西，更何况人间呢？

张广林忽然觉得，世人能做的，就是勇敢地接受不完美的现实，乃至残酷的现实，不逃避，不抱怨，不懊恼，用一颗平静的心看待生活带给自己的所有。没有瑕疵的事物是不存在的，盲目地追求一个虚幻的境界，只会徒劳无功，错过更多。

完成比美丽更靠谱

在现实中，完美的事物是不存在的，道理浅显易懂，却依旧有人孜孜不倦地追寻着。

近期，张广林所在的公司联合业界的其他几家公司，打算共同举办一次"创意之星"活动，并选派张广林和阿威作为主要负责人。张广林觉得，这是一个可以大开眼界的机会，因为各大公司都会拿出优秀的作品来参赛，就算自己不能获奖，至少也能看到很多新奇的创意，拓展一下思维。

阿威也挺高兴，他来公司刚满一年，一直跟着张广林的策划组做事，老板有意让张广林带带他。得知自己也要参与负责这项活动，他那叫一个自豪。公司有五六位策划，就数他最年轻，老板却把机会给了他，他激动了好半天。都说"吃水不忘挖井人"，阿威这家伙还算有良心，知道"师傅"张广林平日里待他不薄，还特意请张广林吃了顿饭。

"创意之星"活动安排在 6 天之后进行，也就是说，他们必须在这几天里用业余时间来完成一两部满意的作品。毕竟是比赛，肯定得拿出实打实的东西。

阿威很重视这件事，打算做一个充满温情的公益广告。他用整个周末搜集了各种各样的资料，又花了一个晚上的时间整理。第三天晚上，他因为约会消磨了一天；第四天晚上，公司临时安排开会，他根本没时间看资料；第五天晚上，他才正式开始看，可是资料有上百页，往桌子上一摆，把他吓了一跳：这么多怎么看得完呀？到了第六天，也就是最后期限了。资料都没看完，阿威便着急忙慌地开始做文案。结果，他发现自己根本没有一个系统的思路，想到哪儿写到哪儿，熬夜加班到深夜，也只是草草地做出一份创意书来。其实，他自己也知道，这份创意书根本没什么创意，与他当初设想的完美方案差了十万八千里。

很多人都有过这样的经历，刚接到一个新任务时兴奋不已，憧憬着一鸣惊人的工作成果，天天构思着要怎么做，可就是不愿意在没有完美的想法之前动手干起来。时间一分一秒地过去，眼看就到了最后期限，这时候才开始着急，结果再完美的方案也来不及实施了，甚至连按时完成都无法保证。

放在过去，张广林也跟阿威差不多，只不过他不是苛求完美，而是总觉得时间还多，不用着急。可结果呢？跟阿威的"完美主义拖延"一样，都是完不成，或是草率交差。

不过，这一次张广林是真的痛改前非了。自从老板宣布了这件事之后，他立即开始在脑海里构思自己的作品。有了一点想法，他就写在文档上。两天之后，零零碎碎的小想法，已经基本上构成了一个大框架。这时，他开始完善细节。到了第四天晚上，公司开完会，他回到家后又稍微整理了一下自己的方案，此时他的创意已经基本上出炉了。剩下的两个晚上，他开始查漏补缺，整体润色加工。虽然还有个别地方不尽完美，但总体来说比过去偷工减料、拼命赶工做出来的案子要好得多。

比赛那天，阿威的作品显得平庸无奇，张广林的创意倒是赢得了一致好评，最后还拿了个二等奖。虽说二等奖设置得比较多，有 5 个作品可以获奖，但这对张广林而言，也算是个回报了。做了这么多年策划，还是头一次得到那么多人的好评，还是头一次上台领奖。他平生第一次体验到了，什么叫作"小有成就"。

有人欢喜就有人愁。阿威好几天闷闷不乐，一副苦大仇深的样子，好像受了重创。张广林自然看得出来，也知道症结在哪儿。他在 QQ 上对阿威说："小兄弟，别那么较真，以后做事记住了，完成比完美更重要。"

任何计划都是在预想状态下制订的，它是静态的；可在执行过程中，却有太多不确定的因素，很有可能会出现突发状况，这就使得结果会跟预想有所差异。要保证自己不拖延，就得事先做好这样的心理准备，不要太在意那些无法达到完美的部分。如果非要较真，不完美的地方会变得越来越多，让人产生的心理落差更大。

不拖延的人都坚信一个准则："工作的态度必须是一开始要求完美，但最后只需做到八成就行，剩下的两成留到下次的工作完成。"开始时要求完美，是对自己的严格要求，让自己别太松懈。在执行的过程中，达到一定的水准就该满足，就算遇到问题，只要牢记于心，下次争取不再犯就行，根本不必太在意，更用不着全盘否定，推翻之前所做的一切。

　　工作时不必要求事事完美，不必在不重要的问题上花费太多心思，只要把重要的事情解决好，充分展现出自己的能力，就可以称得上出色了。当你能够完全实现决不拖延、高效而顺利地完成任务时，再对薄弱环节进行修改和完善，那就实现了完成与完美的统一，这种状态就是很理想的了。

消极的完美主义

前面我们刚刚提过，完美主义的正常形式，应当是在做事之初有一份追求完美的心态，但在执行时不刻意苛求完美，能够接受突发的意外情况，可以允许微小却不影响全局的瑕疵出现，并将这些问题牢记于心，作为日后改进的部分。这样的完美主义，会让人不断追求更高的目标，变得越来越好，这属于积极的完美主义。

当对完美的追求变成了强迫症，即完美主义者为了获得完美而变得神经质，拒绝接受任何不完美的东西时，就很麻烦了。就像张广林的同事艾林达和阿威，他们对工作、对自己的苛求，已经到了病态的地步，这完全就是一种消极的完美主义（我们在本书里所提及的与拖延症有关的完美主义，指的正是它）。

消极的完美主义者，在性格上有一种与生俱来的冲动，他们习惯于把这股精力投入到那些与自己的生活、工作息息相关的事情上，努力去改善它们，尽量让它们变得完美。艾林达和阿威都有这样的习惯，希望早日完成自己所制订的计划，但这种想法却往往被现实打败，无法如期兑现，接下来，他们就会出现沮丧、暴躁的情绪。

为什么有的人如此执着于追求完美呢？这实际上还牵涉到一个

心理上的问题。张广林多次发现，艾林达骨子里特别高傲，她看不惯公司里很多人、很多事。每次公司集体讨论，她肯定是发问最多的那一个，因为她质疑的东西太多了。她发表意见的时候，还总是一副"我要让你知道最好的东西是什么"的架势，希望自己在各个方面都超越别人，好为人师。

艾林达这个人不坏，也挺热心，但在公司里她的人缘并不算太好。可能就是因为她太争强好胜了，有时甚至有点不可理喻。比如，女助理穿了条新裙子，大家都说不错，她却非说要搭配一件什么样的衣服才会更好看。言外之意，就是人家不懂时尚，不会搭配。若是女助理做错了一点事，她就会大加指责，说对方太粗心、太不负责，然后又滔滔不绝地说上一堆教导的话。也许她确实是出于好心，可这种吹毛求疵、小题大做的方式，很招人烦。

艾林达的人生理念，与她的 QQ 签名出奇地一致：要么全有，要么全无。这也直接导致了她后来的职场悲剧。将大把的时间花在准备上，痛斥做事不达标的下属，经常为了要求完美而延误工作完成的日期，但她却忘了一点，公司追求的是效益，只有获得最大的效益才是最完美的结果。

对于艾林达这样的人，要她完全停止追求完美是不太可能的，最好的办法应当是让她知道自己的完美主义倾向，并加以合理地利用。如此，她才可能成为一个有所成就的完美主义者，而不是一个耗费精力的完美主义拖延者、被淘汰者。

具体该怎么做呢？有人提出了一些让消极的完美主义者恢复健康的方法。

1. 设置时间限制

工作总是能够在限定的时间里完成。如果你打算花一天的时间搞定一份方案，那你就能在一天之内搞定；如果你只给自己半天时间，那么半天的时间也可以完成。如果你不给自己任何时间限制，那你就会无止境地拖下去。所以，有完美主义情结的人，为了防止自己拖延，就要给自己设定时间限制，让自己在规定时间内完成任务。

2. 抛开所有顾虑

完美主义者习惯在准备上花费很多时间，总觉得万事俱备之后，成功的可能性会更大。提前计划和做准备并没有什么错，但前提是你要掌控好时间，最好让准备的时间短一些，然后把更多的时间留在执行上。不要顾虑这样那样的问题，你只要顺其自然地做下去，在问题出现时解决它就行了。太过于担忧和顾虑，其实就等于活在幻想中，并未活在当下。

3. 适当地放松

人不是机器，在持续工作一段时间之后，身体和大脑会感到疲惫。这时，不要强迫自己坚持工作，不要加班熬夜，要让自己放松休息一下。休息之后，身体和大脑的机能会恢复到最佳状态，再重新投入到工作中时，你会有全新的想法和专注力。

豆瓣的"战拖小组"里，每天都有很多更新的帖子，也总会有新人加入进来。

不在错误里迷失

最近，张广林在网上认识了一位大学老师，年龄还不到 40 岁，却已经是个教授级别的人物了。不过，他是个典型的完美主义拖延症患者。他说："如果没有完美主义，我只是一个平庸的人，谁愿意空活百岁、碌碌无为呢？完美主义是取得成功必须付出的代价，也是实现理想的唯一途径。"

张广林根本不信他这番话，如果这是真的，那他也用不着来"战拖小组"了。事实证明，张广林的判断是对的。这位大学教授平时特别害怕犯错，也特别担心失败，这种恐惧感让他在做事时格外小心。前怕狼后怕虎，好多事都拖着不去做，效率自然也比别人低。他身边那些抱着一颗平常心看待错误的同事，没有他那么累，但在各自的领域里也都做得不错。

无独有偶，张广林的朋友迈克在一家外贸公司做销售，虽然刚入职两年多，但显赫的业绩足以让他傲视那些一起进公司的同事。迈克在公司里总是自信满满，工作上一丝不苟，再难缠的客户他也有耐心应对，公司给他的奖金屡屡提高，他很有可能被提升为销售部主任。周围的人都很看好迈克，但迈克却总是对张广林说，其实他从来没有真正满意过，上司的鼓励他也从来没有坦然地接受过。每次实现了一个目标之后，他总觉得自己必须继续努力，做得更完美。目标越来越高，他的压力也越来越大，时常因为情绪化与同事发生口角，人际关系越来越紧张。

相识多年，张广林自然了解迈克的个性，他对自己的期望一直很高，期待自己表现完美。因此，不管做什么事，他都要殚精竭虑、未雨绸缪，竭力避免错误和失败。

一个人考虑周全是好事，做足准备也是为了让自己没有遗憾，正所谓不求尽善尽美，但求尽心尽力。不过，凡事有度，迈克就属于过了头的那种。在迈克的潜意识里，非要业绩比别人好，工作上有显著成就，才能找到自身的价值。否则的话，他就觉得自己是个失败者，是个没用的人。而且，在做一件事之前，他总是犹豫不决，拖延倦怠。好不容易做完了，又开始反复地检查，生怕有什么疏漏和错误没有发现。他希望事事都能够顺利，没有任何意外。

张广林觉得，迈克就是自讨苦吃。谁都知道，计划赶不上变化，纵然你准备得再充分、做得再好，也不敢保证结果就万无一失。中途出现的各种因素，都有可能将之前的一切努力毁于一旦。其实，错了又有什么关系呢？是人就会犯错误，知错能改善莫大焉，没什么大不了的。

美国作家阿尔伯特·哈伯德在《你不必完美》一文中，讲述过自己的一段亲身经历。

因为在孩子们面前犯了一个错误，他心里非常内疚。他很害怕自己在孩子们心目中的美好形象被摧毁，孩子们不再爱他、尊重他，所以他不愿意主动认错。心灵的煎熬一天又一天地折磨着他，终于忍不住了，主动找到孩子们，承认了自己的错误。结果，他惊喜地发现，孩子们并没有嫌弃他，反倒比以前更爱他了。他由此发出感叹：人所能犯的最大错误，就是害怕犯错误。人犯错是在所难免的，那个经常会有些错的人往往是可爱的，没有人期待你是圣人。

张广林的教授网友和迈克，其实就跟哈伯德一样，不管做什么事，但凡出了一个很小的错误，甚至只是不如别人做得好，也会夸张地认为整件事情完全错了，并且不愿面对自己犯下的错，总担心一个错误就会毁坏自己的美好形象。实际上，这就是完美主义者的惯性思维在作怪。你承认错误没有人会嘲笑你，反而会觉得你诚实、诚恳，更何况每个人都会犯错，这也不是不可饶恕的罪过。相反，你越是想逃避，越是不敢去面对，越是怕损害自己的完美形象，往往才会让人觉得你不可理喻。唯有从错误中走出来，才能够从容地去做其他更重要、更应该做的事，而不是咀嚼过去、拖延现在，最终耽误了未来。

想要摆脱不敢面对错误的心理，就该有选择地去追求完美。那么，像那位教授网友那样的人，到底该怎么做呢？一些成功战胜了拖延症的网友，热心地分享了他们的心得。

允许自己在一两件对自己来说比较重要的事情上追求完美。比如，你擅长写文章或者擅长算术，那么你完全可以在这些方面多下点功夫，让自己朝着一个相对完美的方向去努力，至于其他方面，你就不需要对自己要求得太过苛刻。

想想看，很多人一辈子都是在专注地做一件事，最终成了某一领域里的专家。谁也不敢说自己是全才，我们也不需要让自己在任何方面都成为高手。我们这样想，不仅能让自己对错误有一个较为宽容的态度，也可以减少很多不必要的心理负担。

尽心尽力就好，无须尽善尽美

　　每个人都有自己要求完美的地方，这就是心理学家马斯洛所说的自我实现的需要。所谓自我实现，就是尽可能成为自己可能成为的人，实际上就是追求完美。

　　生活能够让人如愿以偿吗？如果工作中每一个环节都无懈可击、完美至极，那职场人还谈何进步与完善呢？那所有的培训都可以取消了。但这可能吗？

　　人的时间和精力都是有限的，做任何一件事都要花费时间。在追求完美的同时，必然要付出很多代价，但耗费这些精力未必能换来想要的结果。

　　如果你只是想写一首诗，手边有一支破旧但能用的碳素笔，一张可用却不太平整的纸，你又何必跑到商店去精心挑选漂亮的钢笔和记事本呢？等你买了回来，说不定已经没有写诗的灵感了。

　　如果你的老板只想让你就某件事发表看法，你大可直接说出来，或简单列举几条发给他，根本不用花半天时间写一篇长长的报告。等你交上去了，老板或许还会责怪你耽误了正常的工作进度。

　　如果你的客户只是希望你能够高效地完成任务，帮他们争取时间，那你又何必非要在计划的某个部分上浪费过多的时间和脑细胞呢？

很多时候我们追求完美，都是徒劳无功的。在值得的事情上，追求卓越和相对的完美就好，为了不切实际的完美付出高昂的代价，是最不明智的做法。

美国作家哈罗德·斯·库辛曾说："生命是一场球赛，最好的球队也有丢分的记录，最差的球队也有辉煌的一天。我们的目标是尽可能让自己得到的多于失去的。"

张广林的邻居是一户特别要强的人家。没拆迁的时候他们两家就认识，在一块儿相处了几十年，对彼此的秉性都很了解。不久前，邻居家的"要强叔"查出了肝癌，还是晚期，好歹邻居一场，张广林跟父母到医院去探望了他。

"要强叔"住的是单间，刚走到门口，就听见他的小儿子哭哭啼啼地说："爸，我以后都听你的话，什么都听你的，你得赶紧好起来，看着我出息。"

"要强叔"叹了口气说："唉，千万别学我。我总是对自己不满，对你们不满，老是希望自己什么都比别人强，觉得咱应该比别人高几个档次。这些年来，我刻板固执，惹得你们和周围的人都不开心。我这毛病就是这么来的。现在，我就想告诉你：别学我，不要追求完美，尽力而为就行了。"

"这真是'人之将死，其言也善'啊！"张广林心想，"活了大半辈子，'要强叔'总算是明白了。早点这样多好啊！"

人的思维各不相同，能力高低有别，不可能事事都胜过别人，更何况人生也没有绝对的完美。很多事情，我们无法全盘掌控，我们唯一能够掌控的就是做事的态度。只要全身心投入，不管结果怎么样，都是完美的，因为你已经尽力了。

最可怕的就是，一心想着这事要完美，那事要无可挑剔，结果几十年的时间全耽误在这上面了，该做的事一件也没做好，还认为"时机不成熟""准备不充分""细节不完美"。最后，一辈子就在拖拖拉拉中结束了。

张广林最喜欢跟公司的刘姐聊天，因为她总说大实话，诸如："我从来不跟别人比，也不难为自己。谁也不敢保证什么事都能做到最好，但只要我去做了，我今天过得比昨天有进步，过得比昨天满足，比昨天成功，这人生对我来说就是完美的。"

张广林觉得这些话很实在，也很实用。完美型拖延者总觉得，追求完美才是精益求精，其实这是认识上的误区。只要你不是空想主义者，只要你埋头苦干，纵然做不了大树，你至少也能做棵小草，衬托一下大树的挺拔。像刘姐这样，有着平和而不失斗志的信念，不停地找寻自己的价值，尽力而为地做人做事，生活对她的回报自然也是很丰厚的，人家现在已经是业务部的主管了。

你不可能让所有人都满意

人们常用"初生牛犊不怕虎"来形容年轻人思想上很少有顾虑、敢作敢为。可对于现代社会的很多年轻人来说，这句话似乎已不太适用了。张广林对此深有体会。

读书的时候，他就从报纸、网络、电视上了解到一些职场潜规则，外加一些"过来人"煽风点火地说："工作一半是干活，一半是人际关系。"似乎职场里的人比工作上的事更令人胆战心惊。所以，刚参加工作的那一年里，张广林过得挺痛苦的。

偶尔有事到上司的办公室去一趟，回来就有人议论，说他是个"马屁精"，爱打小报告。之后，没有特殊情况，张广林都是在网上跟上司沟通，很少去他的办公室里。还有，某次开会的时候，上司让他发言，他直言不讳地说了自己的想法，第二天就听见流言蜚语，有人说他骄傲自满、目中无人。自那以后，他在人多的时候就尽量保持中立，再不敢当"出头鸟"了。

这些乱七八糟的事，让张广林觉得很心烦，他不想得罪任何人，想跟每位同事融洽相处，博得一个好印象。可现在回想起来，他觉得自己真是傻。幻想着"人人都喜欢自己，人人都支持自己，人人都对自己的言行感到满意"，根本就是白日做梦，这种不切实际的期望，也是完美主义情结的体现。背负着如此沉重的包袱，他在最初的那段职场路上如履薄冰、顾虑重重，活得很累。

那时候，他经常干不完活，被上司质疑。说起来，张广林那时候的拖延，并不是出于主观原因，而是由于他总当"活雷锋"。

一个刚毕业的学生，一心想跟同事融洽相处，不想轻易得罪任何人，所以别人要他帮忙，他向来都是有求必应。好几次，他为了帮同事的忙，自己熬了两个晚上，最后赢得了几句"你真是太好了""回头请你吃饭"的好话，可剩下的残局却没人来帮他收拾——自己的工作落下很多，思路被打断，工作不能按时完成，结果被上司批评。

幸好，随着心智的慢慢成熟，以及阅历不断增加，张广林已经比过去好了很多，现在他至少不会在公司里唯唯诺诺。换句话说，他学会了用合适的方式来拒绝别人，也学会了用恰当的方式说出自己想说的话。不过，他发现生活中总有一些人，在重复着他过去的错误。

公司新来的业务代表A，是个应届毕业生。做业务员本身竞争就激烈，甚至同事之间偶尔也会产生利益冲突，人际关系自然紧张。每次遇到竞争，A就心神不宁，没法正常工作，甚至还私下说想要辞职。

至于原因，A从来没向任何人说过。事实上，这一切都源自他的成长环境。他的父亲是个典型的完美主义者，从小就对他管教严格。儿时，他总能达到父亲心中的完美标准，可一旦情绪影响了能力的发挥，他无法做到最好的时候，父亲就不乐意了。比如，考试没考好，父亲便指责他说：你这样以后怎么见人？别人该怎么看你啊？但为了维持在外人心中的形象，他的父亲在别人面前又会说：

"他学习上我不怎么操心，考试一直都是班里的前三名。"

在这种环境下，时间一长，他也成了一个完美主义者，在潜意识里接受了父亲的理念：如果我做得不好，别人就会否定我、指责我、嘲笑我。所以，让别人满意就成了他的潜意识。他活得很辛苦，为了避免被人苛责和否定，他极力维护与他人的关系，甚至会做一些违背自己意愿的事来博得别人的好感和信任。唯有当别人对他非常信任、非常认同时，他才觉得踏实，才能在对方面前感到自然。不过，即使他这么做，也仍然会有跟他人关系紧张的时候。

可是，谁能让所有人都满意呢？这根本就是不可能的事。所以，当别人对他表示不满或者对他提出批评时，他就感觉精神崩溃，特别想逃离眼前的处境，逃离那些指责他的人。

如果现在的你也正饱受着这种煎熬，那你必须改变思维方式了。正像张广林说的那样，嘴巴是别人的，生活是自己的。太在意别人的看法，需要用别人的肯定来证明自己的能力，必然会造成巨大的心理压力。因为你会无时无刻地要求自己保持完美的形象，要求自己把事情做到无可挑剔，因为你害怕别人看到你的缺点和过失，然后以此否定你。慢慢地，你就会放不开手脚，没了创意，失去了工作和生活的主动性与活力。

有人的地方就有口舌是非，就有意见和批评。时刻都想着别人的看法，只会越活越痛苦，越活越没有自我。把目光从别人的身上转移开，不要把自己看得太重要，也不要猜想别人会怎么看自己。顺其自然地做自己，不要奢望得到所有人的好评，不要惧怕别人的否定和苛责，才能把自己该做的事做好，才能感到轻松和舒服。

半途而废不都是错

广告部的业务员们，个个兢兢业业，眼睛都盯着大单子，试图拿下一单轻松一年。

张广林有时很佩服他们，怎么能那么有韧劲呢？就拿陈晓旭来说，这哥们儿一天到晚不停地打电话约客户，可每次对方都以"再说吧"轻松地拒绝他。他有个工作记录本，厚厚的，记录着他联系过的客户，以及对方的态度。可怜的是，在多数客户的备注栏里都写着"再议"，张广林觉得，其实那两个字就等于"没戏"。

陈晓旭不服，锲而不舍地跟这些人联系着，叫哥叫姐说尽了好话，也没见多少人转变态度，可他却乐此不疲，说这都是磨炼，只要每天保持着这份堪称完美的工作态度，就肯定能有回报。他还调侃着说："这会儿，老天正睡觉呢！等他睡醒了，看见我这个勤奋的小青年，肯定得感动。"

张广林也希望这是真的，他实在觉得陈晓旭有点可怜。看看人家老王，也是广告业务员，可做事风格跟陈晓旭完全不同。要说，姜还是老的辣。老王在工作这件事上，坚持尽早行动，要求客户明确给出"是"或"不是"的答案，从不拖拖拉拉。如果客户没有丝毫意愿，不太感兴趣，他绝对不再浪费时间和精力，转身就投向下一个客户。他每天打电话的次数不太频繁，也不会隔三岔五地联系所有客户，却经常都能拿到提成。

看起来似乎有点讽刺，可现实就这么残酷。陈晓旭坚持不懈地与客户一而再再而三地联系，看似工作勤奋，无可挑剔，结果却总是竹篮打水一场空。其实，业务员这份工作，不管你讲得多么天花乱坠，不管你起早贪黑付出多少，它首先是一个结果导向性的工作，靠结果论实力，靠结果论业绩。

很多时候，人们总以为做一件事就要坚持到底，半途而废是不完美的，哪怕明知有些事情不可为，也非要执着地坚持；哪怕看着时间流逝，可能影响最终的进度，但还是不舍得放弃。无疑，相对于"出现点儿问题就全盘否定"的完美主义者而言，这又走向了另外一个极端。

事实上，他们内心也未必没有怀疑，只是中途放弃会让他们产生负疚感，认为自己没有尽最大的努力。对此，他们还会列举一些名人的故事来佐证自己的观点。比如，爱迪生做了一万次实验才发明了电灯，那就是坚持的结果。没错，这个故事被无数演讲家引用过无数次，但他们的故事只讲完了一半，爱迪生是有坚韧不拔的毅力，但他是在用科学的方法进行发明创造。他不是把同一个实验做了一万次，他是做了一万次不同的实验。也就是说，他做了一万次的假设，一旦发现不对就马上转换思路。换句话来说，他也是一万次"半途而废"。

所以，不能单纯地把坚持与完美等同起来。有些事一味地坚持并不等于尽心尽力，不等于做得完美。恰好相反，错误的坚持才是最大的残缺和遗憾。从现在开始，请务必转换思维方式，别再抗拒

"半途而废"，在执行中不要一味追求完美的执着，白白耗费时间，到最后实在行不通了，才想起另寻他路，往往为时已晚。

连·史卡德家的墙上有一个相框，里面有十几张名片，每一张名片都代表他从事过的一项工作。有的工作是因为他没做好而放弃了；有的工作虽然他做得不错，但因为自己不太喜欢也放弃了。对于这些工作，他没有一项坚持到底。不过，他仍然没有放弃寻找最适合自己的工作。最终，他找到了一个适合自己的职业，一直做了10年，成了百万富翁。而后，他建立了一个跨国公司，在全世界有几千家分销商。十几次半途而废的不完美经历，换来了一个最完美的结局。

看过这些"半途而废"的人，相信每个人对"完美地从一而终"都会有新的看法。坚持固然难能可贵，但并不是让你在一棵树上吊死。很多时候，要适时调整方向，做出最正确的判断和选择，才是明智的选择，千万不要为了所谓的完美主义，委屈自己从一而终地做一件事。很多时候，就算坚持到底，也换不来完满的结局，反倒是把该做的事给耽误了。

别固执，缺憾也是一种美

不久前，跟张广林关系不错的一位女同事迷上了小说《锁春记》。每天茶余饭后，她就给张广林讲里面的情节，感叹这故事讲得太真实了，俨然就是现代女性生活状态大全。出于好奇，张广林就了解了一下这本书和电视剧：里面的女主人公之一庄芷言，聪慧典雅，有着高智商、高学历，给人的印象一贯都是平和优雅、自信乐观，可最后她却出人意料地自尽了，让很多人感到意外和惋惜。

张广林每看完一部小说、电视剧或电影，都会搜一搜影评，他觉得这样能够多角度地审视一部作品。的确，有些网友写的评论非常精彩。对《锁春记》这部作品，不少心理专家也参与到评论中来，纷纷发表自己的观点。特别是对于庄芷言的自杀，有些专家说，她是典型的"微笑型抑郁症"患者。我们生活在阳光下，而她很可能生活在阴影中（母亲为生她难产去世，这是她内心最大的创伤，而哥哥又在她身上寄托了所有的期望）。她的种种完美表现，都无法改变她是一名微笑型抑郁症患者，她把美好的微笑展示给了别人，而自己却始终生活在压抑中。

艺术源于生活，却高于生活。张广林相信这一点。因为在他身边，也有很多这样的人，而且并不只是女性。比如，公司里的有些同事，习惯把微笑和荣耀挂在脸上，塑造出一副成功又完美的形象，给人感觉好像生活在阳光下，光芒四射。可深入接触后就会发现，他们心里有着挥之不去的阴影，压力、烦恼、竞争和恐惧在撕咬着他们的内心。

网络上曾经有过哈佛大学学生尖叫着裸奔的报道。他们的这一行为，让人觉得他们是"精分"了。在感到好笑和震撼的同时，大家也能想象得出来，他们的心里背负着多么大的压力。他们就像表面看起来十分完美，却把划痕隐藏在内壁的精美瓷器。

张广林了解到，患上微笑型抑郁症的原因有很多，但有一点大致相同——他们都有完美主义情结，不能接受生命中的缺憾。当他们没办法把自己选择的角色继续扮演下去时，往往就会有极端的举动。

让生命为了一个完美的追求而陨落，让心灵因为一个虚无的影子而压抑，就连张广林这样的旁观者都替他们感到不值。他很庆幸，自己还没到那个份儿上。人生本就是充满缺憾的旅程，不可能圆满，而世界往往因为不圆满才和谐。从这个角度来说，缺憾其实也是一种美。

张广林记得在某杂志上看过一篇"开锁的故事"，说的是有位魔术逃生大师，身怀绝技，不管结构多复杂的锁，他一会儿就能破解开，屡试不爽。他很自负，声称自己能在60分钟内打开任何一把锁。小镇上的居民看不惯他骄傲的样子，决定让他尝点苦头，挫挫他的嚣张气焰。

小镇的人铸造了一个非常坚固的铁笼子，配上一把超级大锁，从外表看就觉得复杂无比。逃生大师想都没想就接受了挑战，充满信心地施展起自己的绝技，用让人眼花缭乱的手法向这把大锁发起了进攻。时间一分一秒地过去了，30分钟、40分钟、50分钟……可他始终没有听到自己所希望的、熟悉的锁簧弹开的"啪"的那声响。他有点紧张了，可仍旧不死心。60分钟过去了，锁还是没有动静。逃生大师绝望了，他决定放弃。就在他疲惫地靠在铁栏上准备休息一下时，却听见"吱"的一声，铁门竟然被他打开了。

原来，铁门根本就没有上锁，那个超级大锁只不过是个骗人的摆设。因为没有锁上，所以也不可能听到打开锁的声音，这是必然的。如果不是追求开锁的圆满，他也不会心无旁骛地执着于开锁而忽视细节，说到底，他就是被圆满锁住了心。

圆满没有什么标准，只是一种观念，是从比较中产生的结果，是人们站在不同的角度对人、对事做出的一种评判。所以，我们期待的圆满，也只是相对而言的圆满。

既然不存在绝对的圆满，那又何必去强求呢？苛求完美，苛求圆满，只会给自己徒增心理压力和折磨。换个角度想想，也许错过的根本就不是我们真正需要的；失去的本来就没有我们想象的那么好；真实的不完美的自己，也没有我们想象中那么不堪。一切，只不过是我们的执着心在刻意地追求圆满，力求完美罢了。

如此说来，把缺憾视为另一种美又如何？或许，当我们接纳了自己的缺憾，接纳了生活的缺憾，前行的脚步也会变得更轻快些。生活不是拼字游戏，不管你对了多少，错了一个就不合格。生活就像是棒球赛，即便是最好的球队也会输掉三分之一的比赛，最差的球队也有辉煌的一天。我们的目的，不是要求有多完美，只求赢多负少便够了。

完美主义拖延症

当有些事情必须去做，那就得努力戒除自己的完美主义心态。比如恋爱这件事，张广林不想一辈子当光棍，要找到合适的那个人，他就一定要放下自己苛刻的要求。

但问题又来了，自己放下了完美主义情结，偏偏在工作和生活中遇到了这样的人，我们该怎么办？毕竟，改变自己容易，改变别人忒难。

公司里最近有个大项目，需要策划部和设计部协作完成。策划部的任务又落到了张广林和阿威的身上，为了做好策划案，追求完美的阿威一个细节也不肯放过。要说，认真细致并不是坏事，但问题是任务是有期限的，老这么较真的话，方案猴年马月才能做出来啊？

张广林心里压着一堆问题：可不可以让阿威不那么过分地关注细节？如果提出建议，阿威能不能听进去并照做？怎样说才能不打击阿威的积极性，不伤他的自尊？

这些问题，不仅难住了张广林，也难住了职场里的很多人。他们可能是公司的管理者，要面对苛求完美却总是拖延的下属；也可能是普通职员，在团队协作时遇到了完美主义的合作者。张广林是个典型，既算是阿威的小上司，又碰到了团队协作的事。要解决这个问题，还真需要点耐心和特别的方法。对此，曾有人总结了一些比较实用的方法：

1. 对做得好的方面给予赞扬

和阿威这样的人一起工作，确实会有一些麻烦。明明 90％ 的工作都处理得很好，他们却非要关注那不太完美的 10％。这样的做事习惯会让人感到愤怒，但如果直截了当地指责，肯定会惹得对方不满。最好的办法是赞扬与批评双管齐下，对他们全身心投入工作的态度予以赞扬，得到夸奖后他们会更加努力，这对于提高整个团队的工作水平有很大的好处。

2. 安排适合他们的工作

对于完美主义者而言，有些工作确实不太适合他们，比如那种会让他们拖延时间的项目，千万不要交给他们去做。管理庞大复杂机构的事情，也不要交给他们去做，因为他们往往会对员工提出过高的要求，细枝末节也不放过，很难成为好的管理者。他们适合做一些比较细致的工作，譬如当整个项目的框架已经完成，只需要完善细节，或者进行后期修改时，这些工作可以放心地交给他们，他们细致、一丝不苟的态度，会给你一个满意的结果。

3. 谨慎地对待反馈

听到批评的字眼时，完美主义者往往比常人更难接受。所以，在沟通的时候首先要赞扬他们，并且询问他们的意见。这时，再向他们传递信息就会有效地减轻他们的防御心理，也不会打击他们的积极性，在别人的鼓舞下他们会做得更好。

上述这些方法，主要针对有完美主义倾向的下属与合作者。但现实中还有一个更加棘手的问题——遇到一个有完美主义情结的上司。

在艾林达没有被解聘前，设计部的助理一直饱受煎熬。每次递交的资料，总要被打回来，说这里不够好，那里不够精细。为此，助理经常加班熬夜。老板怪罪下来，艾林达有时竟然还说是她效率低下。

小助理心里挺怕艾林达的，甚至觉得她"精分"。除了工作上的必要沟通，她几乎很少跟艾林达聊天。她有好几次被气得想辞职，但又舍不得这个工作机会，而且公司的发展前景还是不错的。有一段时间，她真是又烦又无奈。或许，对于艾林达来说，被解雇是一件很委屈的事，因为她是挺敬业的，但她这种行事作风，老板受不了，下属也受不了。她走了，小助理心里的那块石头总算是落地了，至少能过上正常人的生活了。

要面对一位完美主义上司，不管对谁来说，都是一件很烦心的事。但如果不幸遇到了，也不能因为对方而放弃来之不易的工作。俗话说得好："知己知彼，百战百胜。"完美主义者的特征就是，过分关注细节，极度喜欢挑剔。在跟他们相处的时候，不妨抓住这一点，展开防御。

1. 相信自己，增强正能量

你要从内心深处抱着这样的想法：我是个很不错的员工，我能够与上司相处好。这样一来，就不会受先入为主的消极观念和情绪的影响。这股强大的正能量，也会促使你在工作上更努力。

2. 把基础性事务做好

对于上司可能会提到的问题，事先做好充分、细致的准备。有准备了就不会慌张，在与上司沟通交流的时候，也不会处于被动状态，不会被指责工作不认真。

3. 多准备几种方案

完美主义者习惯在做决策时对比，然后选择更加理想的那一个。所以，在提建议和做方案前，不妨把所有的可能性主动提出来与上司进行沟通，商议之后着手做上司认同的那一个。这样，既保证了意见一致，又节省了时间。

4. 学会察言观色

汇报工作要选择上司心情好的时候。人非圣贤，上司也是人，也会有状态不佳的时候，如果这时去打扰他，势必会碰一鼻子灰。

5. 平日里多互动

不要因为上司比较苛刻就回避他，要学会经常以微笑面对上司，与其建立良好的互动关系。在日常交往中给上司留下好印象，在正式谈工作时才不会觉得拘束和紧张。

总而言之，要学会灵活地对待工作与生活中的一些人和事。完美主义者并不是一无是处，也不是不可理喻。当你在生活中遇到追求完美的人，应试着去关注他们的内在，如果能站在他们的立场考虑问题，便会对他们追求完美的处世态度多些理解，也就能更好地与其相处了。

你是典型的完美主义者吗

本章介绍的都是与完美主义相关的话题，相信很多人都心存疑惑：我也不知道自己到底算不算完美主义者，完美主义者有什么特征呢？

下面，就完美主义者的做人、做事以及生活方式做一个简单的归纳，如果这里介绍的情形与你的风格相符，那么无疑你与完美主义者相去不远。

1. 完美主义者的做人风格

我觉得凡事必须要负起自己的责任。

我总是压抑自己愤怒的情绪。

我装扮整洁干净，忍受不了脏乱的环境。

我非常注重给人的印象，在意别人的评价。

我看到别人没有教养就感到生气。

我对自己的要求一向很严格。

2. 完美主义者的做事风格

我常常挑剔自己，也不由自主地挑剔别人。

我工作态度严谨，不喜欢别人草率的工作态度。

我做任何事都会竭尽全力，心力交瘁时又会不由得心生抱怨。

我做任何事都喜欢计划，我非常有主见，不会盲目地顺从别人的想法。

我讨厌每天有那么多做不完的事情，时常觉得很疲惫。

我喜欢脚踏实地的感觉，讨厌凡事追求捷径。

我极力保持生活井然有序，要求规律地生活。

我对突然发生的意外事件，总会感到惊慌、失控、心烦、愤怒。

我发现自己有不好的地方，会立刻改正，但又总会矫枉过正。

3. 完美主义者的生活特点

面部表情看起来端庄、高贵而严肃。

衣着永远整齐干净、一丝不苟。

家里保持干净，所有的东西放在固定的地方，也要求家人遵守。

一面收拾，一面抱怨，唠唠叨叨。

经常批评别人，似乎没有一个人、一件事是令自己满意的。

守时、守秩序，让人觉得有点吹毛求疵。

从来不会说甜言蜜语，总是喜欢鸡蛋里挑骨头。

别人做的事情，自己总是不放心，非要亲自检查。

心思细密，注重小节，所以每天都有忙不完的事。

一直努力上进，却又总是拖延，发现自己进步缓慢，经常对自己不满。

如果你是一个完美主义者，那么请你时刻告诉自己：世上没有绝对的完美！要求完美的结果，只能是给自己压力，给别人压力，破坏身边的平衡与和谐，这样的结果是最不完美的。

第五章

科学管理自己的时间

　　再聪明的人也玩不过时间。在时间面前偷懒，结果就是患拖延症，弄得你焦头烂额；在时间面前耍懒，拖延症会变本加厉地折磨你，偷走你精彩的人生，留下混沌的噩梦。唯有学会管理时间，细化时间安排，在限定时间内完成任务，才有可能远离拖延症的魔爪。

让虚度年华的事情不再发生

都说人生苦短，过去张广林并不在意，可当自己一不留神跟 30 岁沾了边儿，他才意识到，人生确实又苦又短。苦的是，到了而立之年，还过着寄人篱下的日子（跟老爸、老妈挤在 60 平方米的房子里）；工作上没什么大出息，依旧每天追赶着公交车上下班，月底拿点勉强能养活自己的工资；最可怜的是，到了这岁数连个正式的女朋友也没谈过，感情史一片空白……混到了这个份儿上，张广林仰天长叹：我情何以堪啊！

以前他还总安慰自己说："没事，时间还长呢！一切都来得及。"可如今，眼看着自己就要过 29 周岁的生日了，按照虚岁的算法就是 30 岁的人了，心里突然就变得紧张和焦虑了。他给自己做了这样一个计算：假如能健康平安地活到 80 岁，那么这辈子大概拥有 70 万个小时；假如工作 40 年，工作的时间大概是 35 万个小时，约 1.5 万天。刨除睡觉、休息的时间，还剩下多少生命？

以前他没意识到生命就是以时间来计算的，浪费时间就是在浪费生命。现在，他可真是明白了。想想之前，工作的时候慢慢悠悠、拖拖拉拉；休息的时候上网聊天消磨时光，结果该学的东西没学成，该做的事情没做好，一无所获。如果能把那些浪费掉的时间都聚集起来，真的是一个很大的数字。

　　每每想到这儿，他就更加痛恨拖延症。如果没有拖延症，自己不会一直混日子，敷衍了事地糊弄老板、糊弄工作；如果没有拖延症，自己就不会总想着偷奸耍滑，做事拖拖拉拉……如果没有拖延症，那么人生肯定大不一样。可惜，生命没法重新来过，他知道，现在再怎么后悔也没用了。要改变现状，要做个优秀而成功的人，就得重视时间，不能在拖拉中虚度年华。

　　美国著名的思想家本杰明·富兰克林曾经说过一段经典名言："你热爱生命吗？那么别浪费时间，因为时间是组成生命的材料。记住，时间就是金钱。假如一个每天能挣20元的人，玩了半天，或躺在沙发上消磨了半天，他以为他在娱乐上没花钱。不对！其实花掉了他本可以获得的20元钱。记住，金钱就其本身来说，是能升值的。钱能生钱，而且它的'子孙'还会有更多的'子孙'。如果谁毁掉了最初的钱，那就是毁掉了它所能产生的一切，也就是说，毁掉了一座财富之山。"

　　据说，当年在富兰克林报社前面的商店里，一位男顾客拿着一本书向店员询问价格，在此之前，他已经在商店里犹豫了将近一个小时。店员告诉他，那本书1美元。男顾客试图要一个优惠，店员却说："它的价格就是1美元。"

　　过了一会儿，那位顾客问道："富兰克林先生在吗？"

　　店员回答："在，不过他在印刷室忙着呢！"

　　男顾客坚持要见富兰克林。于是，富兰克林就被叫了出来。男顾客问："富兰克林先生，这本书的最低价格是多少？"

　　富兰克林几乎没有思索，随口说道："1.25美元。"

"1.25 美元？不会吧！刚刚你的店员还说只卖 1 美元呢！"

"没错，"富兰克林说，"但我情愿倒贴给你 1 美元，也不想离开我的工作。"

男顾客有点吃惊，心想：算了，还是早点结束这场自己引起的谈判吧！他说："那好吧，你说这本书最少要多少钱吧？"

"1.5 美元。"富兰克林又多加了 0.25 美元。

"怎么回事？又变成 1.5 美元了？"

"是的。"富兰克林冷冷地回答，"我现在能出的最好价钱就是 1.5 美元。"

男顾客无话可说，只好默默地把钱放到柜台上，拿起书出去了。富兰克林用这件事给他上了终生难忘的一课——时间也是金钱。

的确，时间也是财富。想要成功地摆脱拖延症，就必须重视时间的价值，学会管理时间。否则的话，势必会陷入一个怪圈，浪费时间导致拖延，拖延导致效率低下，效率低下依然在浪费时间。

张广林曾经无数次犯过这样的错误，比如早上贪睡 20 分钟，感觉没多大关系，可起床后因为时间紧迫，匆匆忙忙地收拾，匆匆忙忙地去公司。到了单位，气喘吁吁，心烦意乱，等平静下来时，已经是 1 个小时之后了。现在，他掐指一算，贪睡 20 分钟，平白无故耽误了 1 个小时。这 1 个小时的工夫，专心致志能做多少事？一天如此，两天如此，按每月 20 个工作日计算，一年下来，就耽误了 200 多个小时。真是不算不知道，一算吓一跳啊！

　　浪费时间的时候，很多人都跟张广林一样，根本没有意识到这是在虚度生命。而后，又抱怨生活不公平，薄待了自己。现在，张广林觉得，自己没有任何理由怨天尤人，因为这完全是自己造成的，不懂得珍惜最珍贵的财产——时间，必然会变成思想上和生活中的庸人。他知道，现在要学的、要做的，就是管好自己的时间，利用时间来创造价值。

别小看十分钟

张广林听说公司里做业务的一哥们儿最近出了本小说。听到这消息时，他先是感叹人家很有才，后又感伤枉费自己也有两把刷子，除了每天写点儿文案，连篇像样的散文都没写过。脑子里不是没有想法，但往往只是一闪而过，要么是懒得写，要么是安慰自己说："以后再说吧！"这一拖，就不知道何年何月了。

对专业作者来说，写本书也是一件劳神费力的事，更何况是一名广告公司的业务员呢！他每天都要承受着巨大的心理压力，想着如何跟客户拉近关系，如何说服他们做广告，脑细胞不知道得死多少个！外加他那朝九晚不定的工作性质，正常的生活有时候都被打乱了，他哪儿来的时间写出本近 20 万字的书呢？

八卦的张广林借着赞扬人家的机会，偷偷打听了一下对方的"秘诀"。那哥们儿倒也实在，说自己白天上班，确实没时间写。就是每天上班提前到一会儿，写上 10 分钟，晚上睡觉前再写 10 分钟，慢慢地写下去，就写完了。

嗬，意外真是每天都有，牛人真是处处都在。张广林头一次觉得，原来"励志帝"一直就潜藏在自己的身边，只是他貌不惊人，一直被忽略了。

和"励志帝"一对比，张广林实在觉得惭愧。遥想当年，他打算每天早起听 10 分钟的英文广播，头 3 天还不错，一周之后就有点烦了，觉得每天听 10 分钟意义不太大，之后就断断续续，想起来就听，想不起来就算了。再后来，就完全没当回事。如果从那时候就坚持听，到现在也有 3 年了。每天 10 分钟，能记住一两句话，现在的听力该是什么水平？肯定不至于连面试时人家的问题都听不懂吧？可就是因为自己看不起那 10 分钟，平白无故浪费了那 10 分钟，才会没有长进。

雷曼曾经说过一句话："每天不浪费或不虚度或不空抛的那一点点时间，即使只有五六分钟，如得正用，也一样可以有很大的成就。游手好闲惯了，就是有聪明才智，也不会有所作为。"

很多时候，拖延的人会不自觉地浪费时间，就是因为他们轻视了积累的力量。比如，想完成一项目标，只记得大致的时间限制，如要在半个月之内完成，于是就想着："现在时间还多。"

心理上的松懈让他们开始了拖延。可真到了着手做的时候，才发现看似大把的时间，用起来实在不够，而且一旦压力剧增时，心理上还会产生厌恶的情绪，很难保证目标能够顺利完成。

细想起来，这跟存钱也是一样的道理。你告诉自己："我到年底要存下 1 万块钱。"一年是你定的期限，但要如何凑齐 1 万块钱？这需要每个月存一点，慢慢地积累。每个月的钱如何存下来？这需要靠每天计划消费。如果每天能存下 30 块钱，一个月就是 900，一年下来就是 1 万多。如果平日里不想着节省，非要等到临近最后期限了，再想着凑够 1 万块钱，那就困难多了。

时间和金钱一样，积少成多，需要靠平时的努力。每天花 10 分钟读英文，好过每周读一小时；每天做瑜伽 10 分钟，好过每周做一小时；每天花 10 分钟看会儿书，好过每周看上一天。做好一件事、达成一个目标，不是一两天的工夫，而是分分秒秒的积累。要打败拖延的恶习，就抓好每天的"10 分钟"，坚持下去，你的人生就会大不一样。

盘活那些零碎的时间

跟许多人一样，张广林上学时巴不得赶紧离开学校到社会上闯荡。可真的工作了，又开始怀念在象牙塔里的日子，那是多么悠闲惬意、多么轻松洒脱，最重要的是时间多么充裕。

职场如战场，竞争十分激烈。今天你不往前走，明天你就得等着出局。为了不掉队，张广林这等懒人也得硬着头皮学习，让自己与时俱进。可说起来简单，做起来好难。每天要上班，做不完的事，根本没有整块的时间，很多事也就拖拖拉拉地做着，没见多大成效。

张广林正为时间不够的问题犯愁时，一次偶然的经历，给他带来了启发。

休年假的时候，他去邻市看望朋友。火车上，有个跟他年龄差不多的小伙子，一直低着头不停地写东西。张广林心想："这家伙兴许是个文艺青年吧！一路走一路写感慨。"坐在小伙子旁边的中年大叔，好奇心比较强，凑过头去一看究竟。

大叔说："小伙子，这两个小时你一直没闲着，这是在给客户写信呢？"

小伙子说："是啊，要不是出差在火车上，我现在还在公司上班呢，也得做这些事。"

大叔感叹："现在的年轻人，像你这么敬业的太少了，你的老板肯定很重视你。我的公司现在也在招业务员，虽然规模不大，你要乐意去的话，薪水都好商量。"

张广林暗想：找工作难吗？瞧人家，坐一趟火车都能遇见挖墙脚的猎头！

那小伙子笑了笑，说："不用了，我就是老板。"

生活中最让人难过的事情是，比你优秀的人比你更知道时间的宝贵，比你更努力。当时，张广林是真的被镇住了。年龄相仿，性别一样，可人家都混成老板了，自己连个主管还没当上。这就是差距啊！可他心里又不得不服，人家连出差坐火车的工夫都不浪费，给客户写着信，自己坐一趟火车，除了手机和钱包，连一本书都没拿。自己总一边抱怨"没时间""太忙了"，一边拖延着好多事。今天瞅见别人的"壮举"，才知道自己不是没有时间，而是不知道怎么利用零碎的时间。

时间这东西看似延绵无尽，其实也都是由碎片组成的。谁能把时间看成碎片，再通过适当的方法把这些碎片井然有序地重组起来，在遇到突发情况时也不影响工作进度，那他就是一个优秀的时间管理者。放眼看去，但凡有点成就的人，做事都是雷厉风行、决不拖延的。他们从来都把时间当成最宝贵的财富，哪怕浪费一点时间都会深感痛苦。

张广林现在回想起来，之前每天忙忙碌碌，想读点儿书、看会儿报，老觉得没时间。可实际上，从早到晚也有不少停息的时候。那些不起眼的点滴时间，看似微不足道，可如果都能很好地利用起来，也能创造出奇迹。他想起文豪鲁迅说过的一句话："我是把别人喝咖啡的时间用在了写作上。"是啊，自己在喝咖啡，自己在车上打盹儿，别人却在读书写作、勤奋工作，就是这一点点的差别，积累的时间长了，就造就了不同的人生。

时间最不偏私，给任何人都是 24 小时；时间也最偏私，给任何人都不是 24 小时。因为时间是死的，人的思维却是活的。善于运用零碎时间的人，工作效率通常都很高，因为他们用分钟来计算时间，而张广林则是按照小时、按照天来计算时间，这样一比较，前后差了几十倍到上百倍。

自从在火车上偶遇那位有为青年之后，张广林就下意识地盘算起自己的零碎时间来。他发现，每天 8 小时的工作时间，上网看微博的时间，完全可以用来收发邮件；中午和同事闲聊的时间，完全可以闭目养神；路上等车、坐车的时间，完全可以用来听书……原来，时间真的就像海绵里的水，只要愿意挤，总是会有的。

除了这些忙碌中的空隙外，张广林还发现，自己的很多时间都浪费在了睡懒觉上。尤其是周末，往往一睁开眼就已经快 11 点了。算起来，自己睡了快一圈了，跟婴儿的状态差不多。而工作日时，每天 6 点半到 7 点肯定就起来了，这样一算，每个周末两天，就等于白白浪费了 8 ~ 10 小时，一个月下来就等于浪费了近 40 小时。如果把这些时间利用起来，那意味着每个月比原来能多出 1 周的时间。

再说晚上下班后，自己无非就是上上网、看看电视、玩会儿手机，一晃就从 8 点到了 10 点。如果每天把这两个小时利用起来，周一到周五就有 10 小时的时间，每个月就是 40 多个小时，这又比原来的时间多出了 1 个星期。想到这里，张广林终于理解了哈佛大学的那句名言："人与人之间最大的区别在于晚上 8 点到 10 点之间。"

　　没错，这些都是零碎的时间。如果你总在拖延，如果你总感觉时间不够用，如果你总感觉疲惫不堪，那你不妨像张广林一样扪心自问：我有没有零碎的时间？我用这些时间做了什么？我应该做点什么？当你找到了答案，并知道如何盘活你的零碎时间时，你将会有意外的收获。

抓住"黄金时间"

工作多年，张广林总认为自己还是缺少些职场范儿。他想象中的职场人，应该像《穿普拉达的女王》中梅丽尔·斯特里普扮演的女上司，气场非凡，精力充沛，干练果断。

回到现实，他更像情绪的奴隶，前一秒还精力充沛、激情满怀，后一秒就开始消极颓废、满脸倦容。很多次，他都抱着必胜的决心要跟文案死磕到底，可这股子劲总不能坚持到底，有时候莫名其妙地就陷入了倦怠之中，原本进行到一半的工作，一受到坏情绪的干扰，立即就被搁置到了一边。

某次公司培训课上，一位资深的人力资源顾问，在说起员工效率低下的问题时，提到了一个词语：黄金时间。他说，人在每个时期的不同状态，导致了工作和生活节奏快慢不同，也就导致了工作效率的高低。

很多人不了解自己的黄金时间，胡子眉毛一把抓，在最好的时间里打一些不太重要的电话，回复一些不必要的邮件，白白浪费了黄金时间。等到有重要的事情要做时，已疲惫不堪，精力完全顾不过来了。于是一天下来，工作倒是没少做，但是效率并不是很高，下班后加班加点忙到很晚。

同样的情况，有些人就很悠闲。他们倒也不是具备什么超能力，而是善于总结和计算，善于管理自己的时间。在黄金时间来临时，他们会紧紧抓住时机，灵活地运用自己的能力，在合适的时间，做合适的事情。在同样的时间里，做出比别人更多的事情来。

为了详细说明这个问题，那位讲师花费了大概一个月的时间，对自己每天的精神状态、工作状态做了一个详细的分析和总结，并列出了他自己每个时间段该做哪些事。他把这个总结用到培训中，给员工作为参考。张广林拿到那位讲师做的"黄金时间表"，发现内容确实很详尽，可见这哥们儿不是在糊弄人。他列出的内容大致如下：

清晨，身体刚刚苏醒，大脑比较清醒。对一天的工作进行计划，获得一天中最重要的信息，并合理安排好自己的工作时段。

9点到10点之间，真正的黄金时期，思维飞速运转，大脑活跃，做一些重要的事情为宜。

10点到11点，思维逐渐达到高峰，身体处在最佳状态。这段时间不能放松自己，要把自己最好的姿态贡献给最重要的工作。

11点到12点，身体有些疲劳，需要稍稍休息一下，饥饿感在逐渐袭来，可以回复一下邮件，整理一下资料，把昨天遗留的事情处理完毕。必要的时候，和同事讨论一下工作进程或者计划。

午饭过后，身体处于困倦状态，稍稍休息一下，适当调整自己，为下午的战斗打好基础。

14点到16点之间，身体已经恢复。要让自己冲锋在最前线，做一些高难度的复杂计算，把全天的工作最核心的部分加快步伐处理完毕。这个时期的工作会体现出成绩和效率，充分利用好这个黄金时段，那么一天的工作基本上就有了保障。

17 点到 18 点，精神疲劳，视觉疲劳，各种疲劳相继出现。不要做一些思考难度太大的事，要让自己在精神上得到放松的同时，身体上继续为工作忙碌。让体力劳动暂时转移一下精神上的疲惫状态，既做到了劳逸结合，也没有耽误正常的工作。

晚饭后，可以静下心来整理一天的资料了。这个时间用来回顾最好不过了，可以写下总结和明天的安排。

讲师坦言，要了解自己的生理状况并合理运用自己最好的时间，即所谓的黄金时间，是一种快速获得高效率的必经之路。一天里最好的时间如果被充分利用，那么这一天的效率就会比别人高出很多。

可惜的是，很多身在职场人都没有留意到这一点，而是跟张广林一样，稀里糊涂地以为自己只是情绪化，殊不知是因为自己没把握住黄金时间。很可能上午 9 点到 11 点的效率最高，却用来上网聊天了，等到下午想好好工作的时候，大脑却已经进入了疲劳期。如此一来，就等于没有把工作和生理恰到好处地结合起来，让最能创造价值的时间白白浪费了。这样导致的结果，自然就是低效。

其实，黄金时间任何人都有，而不是你有我没有，我有他没有。问题是，要学会找到属于自己的黄金时间，合理利用自己的黄金时间。讲师在培训课程即将结束时谈到，用好黄金时间必须要留意一些细节，这些细节张广林一字不落地记在了本子上。

记录自己的生理变化并及时做好总结。

把自己的工作分类并把最重要的工作安排在黄金时间段。

切记在黄金时间不要被琐事和他人打扰。

给自己一个计划，有需要时调整自己的计划。

保持良好的工作状态，避免自己因过于疲惫而懒散。

一周或者是半个月对自己的工作进行一次分析，查漏补缺，并鼓励自己。

善于借助他人的力量，让自己的时间安排变得更加合理，让自己的计划变得更加完美。

张广林决定，利用这个办法找找自己的黄金时间，让自己随时精力充沛，告别低效率。

"二八法则"与"四象限法则"

网上流行着一句调侃的话："两眼一睁，忙到熄灯。"此话道出了很多人的生活状态，每天忙忙碌碌，耗费了大量的时间，可成效甚微。深究原因，大多是没做好时间管理。

时间是非常重要的资产，但它又不同于金钱，金钱可以被储蓄，用完了还能再赚，而时间一分一秒逝去之后，再也找不回来。在有限的时间里，谁能最大限度地减少浪费，谁就是赢家。

张广林公司里的设计总监阿伦，简直就是疲于奔命的工作狂。每天，他都要花上六七个小时来做设计和研究，此外还要兼顾部门里的其他事务。张广林经常看见他风尘仆仆地从外面回来，又急急忙忙地出去，而且部门里的每件事他都要亲自参与才放心，即使人不在，电话也会准时来。

"你怎么每天都这么忙呀？"张广林问阿伦。

"我管的事太多了，时间不够用。现在还一堆事拖着没做呢！"阿伦一脸无奈地说。

时间久了，阿伦的设计工作受到了很大的影响，经常是到了最后期限才能拿出作品。有时，因为时间太紧，设计出来的东西也不太好，老板已经几次表示了不满。念在平日里与阿伦私交还不错，张广林对阿伦说："你干吗要忙成那样呀？管好你的时间，做好重要的事就行了。"

没想到，这句话竟然还真的点醒了阿伦。他发现，自己忙了半天，真正有价值的事很少。所幸，他听了张广林的话，就把那些无关紧要的小事都交给助手了，自己集中精力做设计。一段时间之后，他发现自己做事的效率高了很多，设计的作品也比之前赶工出来的要好得多。

张广林也觉得挺意外，自己的一句话竟然能给别人帮上大忙，以后看来也能出"语录集"了。

其实，他告诉阿伦的做法，与意大利经济学家帕累托提出的"二八法则"如出一辙。帕累托从研究中归纳出这样一个结论：80％的财富流向了20％的人群，而80％的人却只拥有20％的财富。二八法则无时无刻不在影响着我们的生活，对于时间管理而言，它同样适用，即把80％的时间花在能出效益的20％的工作上。

阿伦在后来的工作中也意识到了这一点。此后，他手上从未同时有3件以上的急事，通常一次只有一件，其他的都暂时放在一边。大部分的时间，他都用来思索主打的设计作品，至于细微的工作，看看部门里谁做合适就让谁去做，他只是时常盯一下工作的进度。

可见，要想提高工作效率，摆脱忙碌紧张的状态，就要掌控好时间的钟摆，把80％的时间花在能出效益的20％的关键事情上。当我们把"二八法则"运用到时间管理上时，就会出现如下的假设：一个人在各个领域里所创造出的大多数价值，都是在某一小段时间里实现的。也就是80％的成绩都是在20％的时间内取得的，剩余的80％的时间只创造了20％的价值。

问题又来了？如何才能把握住那关键的20％的时间呢？这就要说到"四象限法则"了。它是著名管理学家柯维提出的一个时间管理理论，即把工作按照重要和紧急两个不同的标准进行划分，基本上可以分为四个象限：紧急又重要、重要但不紧急、紧急但不重要、既不紧急也不重要。我们每天要面对的事情，全部包含在这四个象限中。下面，我们就这些情况逐一进行分析。

1. 紧急又重要的事

这类事情是你的当务之急，是必须马上要解决的。它们可能是你实现事业和目标的关键因素，也可能与你的生活息息相关，比其他任何一件事都值得优先处理。唯有先把这些事合理高效地解决掉，你才有可能顺利地进行其他工作。

2. 重要但不紧急的事

处理这类事情，需要人的主动性、积极性和自律性。可以这样说，一个人能否正确地处理这类事情，取决于他对事业的目标和进程的判断能力。生活中，大多数较为重要的事都不是很紧急，比如培养感情、节制饮食、读几本有用的书。这些事情关乎着我们的家庭、健康、个人学识，当然是重要的，但它们并不紧迫。也正因为如此，很多时候我们才一直拖着。直到有一天，影响了工作和生活，才后悔当初为何没有早点重视、早点解决。

3. 紧急但不重要的事

这类事情在生活中很常见。比如，你刚刚准备埋头工作，突然间电话铃响了，是你的朋友约你去看电影。你不好意思拒绝，就只好放下工作跟他去了。等回来后，你觉得很累，看见桌子上的工作资料，才发现重要的事情还没做。可这时候，你的思绪已经不在工作上了，需要一段时间来缓冲才能进入工作状态。工作中很多任务被拖延，就是因为这些紧急但不重要的事情的干扰。

4. 既不紧急也不重要的事

从字面意思可以看出，这些事情既不紧急也不重要，那就不值得花费时间去做。一个人的时间和精力是有限的，这样的事能不做就不做。比如，看电视、玩游戏。如果确实需要做，那就必须限定时间，比如写博客限定一小时，看电视一小时，时间一到就马上停止，不要被这些无聊且无关紧要的事缠住。

了解了事情的分类之后，就知道该把主要的精力放在哪儿。很多人在 1 和 3 之间徘徊，误以为紧急的事就是重要的事。事实上，如果紧急的事对于完成某项重要的目标没有丝毫帮助，那就要把它放在紧急但不重要的事中。举个简单的例子：住院开刀，这是紧急又重要的事，必须在最短的时间内完成，这有助于健康；如果是朋友邀约马上出门逛街，确实紧急，可它并不太重要，对你完成工作丝毫没有益处，那它就算不上重要的事。

一般来说，紧急且重要的事不会花费太长时间，比如打一个重要的电话、发一个重要的通知。真正耗费时间和精力、容易导致人拖延的是那些重要但不紧急的事。它们通常是一个长期的规划、一项长远的目标，我们要把时间重点放在这些事情上。如果不能合理利用时间，那么到最后，这些事就会上升为重要又紧急的事，而到了这种时候，时间紧张就很难保证按时完成任务，这无疑会给自己带来巨大的麻烦。

适当放松，享受惬意时光

"战拖小组"里有人发了篇帖子，名字很有趣，叫《拖延给你带来快乐了吗？》。

张广林回忆过去的拖延经历，发现有时候自己坐在那里感觉很疲惫，一点都不想干活，但看着眼前那堆凌乱的资料，心里又很着急。一气之下，他就干脆去打游戏，抖擞下精神，可关掉游戏之后，他丝毫没觉得轻松，反而觉得更累、更空虚，还有点懊悔。

其实，这是很多拖延的人都存在的问题，既无法有效地工作，也无法有效地娱乐。干活的时候拖拖拉拉，不痛快；休息的时候胡思乱想，不彻底。为什么会如此？很简单，因为他们在娱乐的时候，知道自己是在借此逃避那些该做的事，根本达不到娱乐的效果。

这是一个非常可怕的恶性循环。当你无法高效地完成工作时，你会通过延长时间的方式来完成。可是，当你延长时间去做这件事时，你又觉得对自己不公平。比如，周一到周五大家都上班，到了周末，别人在休息，而你却在加班，你心里便会有一种失衡感，因为你也忙碌了一周，虽然收效甚微，但也没有闲着。所以，你的内心也在渴望周末的放松。这种情绪会直接影响你加班的效率，导致继续拖延，任务还是不能顺利完成。为此，你会觉得更加内疚、懊悔、心神不宁，变得消极沮丧。情绪直接影响行为，结果不言而喻。

如果真的是这样，那还不如放下执念，让自己彻底放松一下。人不是机器，心理承受能力有限，心弦绷得太紧就会失去弹性，甚至崩溃。适当地缓解一下疲劳的神经，可以排除郁闷紧张的心情，哪怕这么做的时候你会觉得自己有点堕落，有点不上进，但与其在既不能娱乐又不能工作之间挣扎，不如让自己开心一下。

我们依旧以上面的情形为例，周一到周五这段时间，你因为某些原因拖延了，需要周末加班找补，那你可以尝试这样做：周六白天纯粹休息，不要去想任何与工作有关的事，也不要去想自己还有任务没完成，做事不能三心二意，休息也一样。玩的时候就要开开心心地玩，享受这个放松的过程。

周六晚上，试着收起玩心，想想自己还剩下哪些工作没做，好好安排一下周日的计划，做一些准备工作。这样的话，等到第二天早晨，你就能很快进入工作状态，因为前一天晚上你的注意力已经转移到工作上来了，这等于一个缓冲（这个方法，对抗节后综合征也有一定作用）。

周日一天，完全按照计划行事。其实，这个时候你会发现，你的状态比拖拖拉拉的时候要好很多。经过一天的放松和休息，你的大脑恢复了正常的运转，你的心态也变得平和了许多，完全能够以一种愉悦的心情来对待加班这件事。状态好了，做事效率自然会高，看到自己做出的成果，对抗拖延的信心也会增加。

看，"牺牲"周六一天的时间来休息，换来周日的高效率，远比两天都在拖延中挣扎要好得多。有句话说得好：休息，是为了走得更远。

平时工作，也要把握住这个原则。当你发觉对工作充满厌烦的情绪、思路混乱不清时，说明你的状态不是很好。这时，如果你继续做下去，不良情绪会让你失去对工作的兴趣，导致办事拖延、效率低下。这种情况下，最好的解决办法是从工作中抽身而出，休息一小会儿，冲一杯咖啡，听一会儿音乐，放松一下紧绷的神经。片刻之后，回过头重新开始工作，你会觉得停滞的思路一下子变得畅通了。这就是调整心情并适当放松带来的益处。

桌面脏乱的人为何总拖延

曾有专家做过一项特殊的研究，他们想通过研究知道，杂乱不堪与拖延之间到底有没有关系。

结果十分令人意外，两者之间竟然真的有联系。专家称，那些桌面凌乱不堪的人，往往都是工作效率低下的拖延症患者。至于原因，再简单不过，每天都得花一些时间找东西，短则一两分钟，长则几十分钟甚至数小时。

相比而言，那些效率高的人，几乎很少让自己身处一个凌乱的环境中。他们习惯把每件物品都按照特有的顺序放好，想要找什么马上就能找到，他们把所有的时间和精力都放在重要的事上，而不是找东西上。

那么，如何才能保持工作环境的整洁，并有效地提高工作效率呢？

1. 收起那些可有可无的东西

电脑、鼠标、键盘，这些可能是你工作时必须要用的工具，显然是不能收起的。至于那些小摆件、订书器、文件夹等可用可不用的东西，最好收在抽屉里。如果都摆放在桌子上，势必会影响你的视线，有可能你在想东西的时候，看到了某个物件就走神了。

2. 只留下现阶段用的资料

不要把所有的资料和工具都放在桌面上，这会干扰你的工作。现阶段用什么资料，就把它们放在伸手可及的地方。一旦完成了这个项目，就把资料收起来。

3. 工作结束后随时清理桌面

每天下班后，花上两三分钟的时间，把桌面清理干净，并且把第二天的计划放在桌上。这样，第二天早上到单位时，看到干净整齐的桌面，心情就会舒畅。更重要的是，你不必再花费时间清理，可以马上投入到工作中。

4. 整理好自己的电子文件

除了办公桌上可见的物品外，电脑里的那些文档也要分门别类地整理好。这样的话，不管找什么文件，都能迅速地知道它在哪个盘、哪个文件夹里，能够节约不少时间。

总之，养成每天整理办公桌的习惯，对于克服拖延、提高效率是非常有帮助的。当然，这项工作不是一两天的事，你必须长期坚持下去，才能更深刻地体会到它的益处。

每天"多出"一小时

时间不够用的时候，很多人都会说："真恨不得一天有 48 小时。"

张广林也有过类似的企盼，可也只是随便说说。然而有一天，他无意间看到一篇文章，说一天可以有 25 个小时，里面提到的是一些非常实用的时间管理方法。张广林做了一个简单的总结，发表在"战拖小组"里，分享给了所有的"病友们"。

1. 善于运用时间

在什么时间做最重要的事最合适？生理学家克莱特曼医生研究表明，人的正常体温在一天之中的变化可以相差 1.65 摄氏度。体温变化对人的工作效率、注意力和心理状态有着直接的影响。通常，人们在早上的后半段和傍晚的中段神志最清楚；下午会感到越来越想睡觉，下午两三点钟是工作效率的低谷期。体温在下午 6 点到 8 点钟达到高峰之后，很多人会明显感觉精神不佳。

张广林发现，这就跟那次培训课上讲师说的"黄金时间"是一个道理。在工作效率最高的时间段处理最困难的事，或者进行创意思考；在工作效率低的时候，做一些整理资料、清理信件等简单的事务，如此就可以达到事半功倍的效果。

2. 事先做好计划

通常，我们要去某个地方的时候，会在出门前查一下路线，看看坐什么车方便，到哪一站下车距离目的地最近。这样的话，虽然事先花费了一点时间做筹划，但总好过到时候花上一两个钟头乱找路。其实，这就是计划的效用。

工作也是如此。《生活安排五日通》一书的作者赫德莉克说："不要把所有的活动都记在脑袋里，应把要做的事写下来，让脑子做更有创意的事。"所以，不妨每天做一个工作计划，按照重要程度依次排列，这样的话就知道每天都有哪些事要做，不至于混乱。

3. 闭门谢客

很多人喜欢说："我的门永远是打开的。"意思是随时欢迎别人到访。事实上，如果每个不速之客都接待的话，你或许一天什么都干不成了。有时候，要学会用委婉的方式拒绝他人，避免突如其来的干扰浪费自己的时间。比如，公共专家列维曾经把开门政策稍微修改了一下，变成了——让门半掩着，意思很清楚，他其实不太想让你进去。另外，应对不速之客时，还可以告诉对方你很忙，向他表示歉意，说等你不忙的时候再约他。

4. 减少电话时间

电话是一种便利的通信工具，可以有效地节省时间，但如果利用不当，也会变成浪费时间的罪魁祸首。所以，在打电话之前一定要弄清楚打电话的目的，如果你一次要说几件事，那么最好把要说的事提前写下来，然后逐条说清楚。对方若是很忙的话，他也最希望你能采取这样直截了当的方式。

打电话之前，还要想一下，你的通话对象通常在什么时候最闲，尽量在这个时间段联系他。这样的话，就不至于因为被告知他很忙无法接听你的电话，而再花费时间去重新联系。

5. 不要单纯等待

等车、等人、排号的时候，不要干巴巴地等待，这些时间你可以用来看一会儿书或者查点有用的资料。

据说，美国有一个钟表匠曾经制造了一种特殊的计时器，它每分钟只有 57.6 秒，与正常的时钟相比，每分钟省下了 2.4 秒。一天下来，几乎就多了 60 分钟。我们不必买这样的钟表，只要学会合理地利用时间，就可以轻松实现"每天多一小时"的理想。